서울 에너지 전환의 현장 속으로

# 출발!
# 에너지
# 탐험

# 지금 에너지를 얼마나 사용하고 있나요?

우리는 날마다 에너지를 사용하고 있어요. 밤에는 전등을 켜야 사물을 구별할 수가 있죠. 여름에는 에어컨을, 겨울에는 보일러를 켜야 집 안에서 시원하고 따뜻하게 지낼 수 있어요. 그뿐인가요. 도로를 달리는 자동차와 거리 위 가로등과 신호등, 건물의 엘리베이터와 에스컬레이터도 모두 에너지가 있어야 움직여요. 우리는 에너지 덕분에 매우 편리하게 생활하고 있어요.

그런데 에너지의 원료가 되는 석유와 석탄, 천연가스 같은 화석연료가 고갈 위기를 맞고 있어요. 우리 세대에서 몽땅 써 버릴 듯한 기세로 소비한 결과, 다음 세대들은 화석연료를 이용하기 어려울 수도 있어요. 에너지를 과도하게 소비하면서 이산화탄소가 어마어마하게 배출되고, 미세먼지, 대기오염, 열대야 같은 심각한 환경 문제가 일어났어요. 그 피해 역시 우리가 고스란히 입게 됐고요.

이런 위기 앞에 걱정만 하고 있을 수만은 없겠죠? 요즘 서울에서는 에너지를 절약하고 에너지 효율을 높이기 위한 다양한 변화가 일어나고 있어요. 특히 친환경 에너지를 직접 생산하여 에너지 위기를 극복하려는 사람들이 늘고 있어요. 마을과 아파트 등 공동체가 함께 노력하여 더 큰 힘을 발휘하고 있죠. 이 책에는 그중 신선한 변화를 일으키고 있는 8가지 사례를 담았어요. 에너지 자립마을과 에너지제로주택, 제로에너지빌딩, 착한 가게, 친환경 교통, 서울새활용플라자, 에코스쿨까지. 집이나 학교, 회사 등 공동체에서 실천할 수 있는 구체적인 대안을 담으려고 노력했어요. 또한 그린잡, 함께하는 에너지 체험 활동, 함께하는 생각거리까지 청소년들에게 도움이 될 정보도 알차게 담았어요.

서울뿐 아니라 전국 곳곳에서 에너지 위기의 대안을 찾는 사람들이 열심히 뛰고 있어요. 많은 사람들이 모여 사는 도시가 바뀌어 도시의 에너지 사용량이 줄어들고, 친환경 에너지 비율이 높아지면 우리 앞의 시급한 환경 문제들을 슬기롭게 극복할 수 있지 않을까요? 한 사람, 한 사람이 모여 우리가 되면 그 큰 힘으로 해결하지 못할 문제는 없으니까요.

2019년 8월 폭염이 절정에 이른 날, 박경화

# 차례

# 서울 에너지 탐험 지도

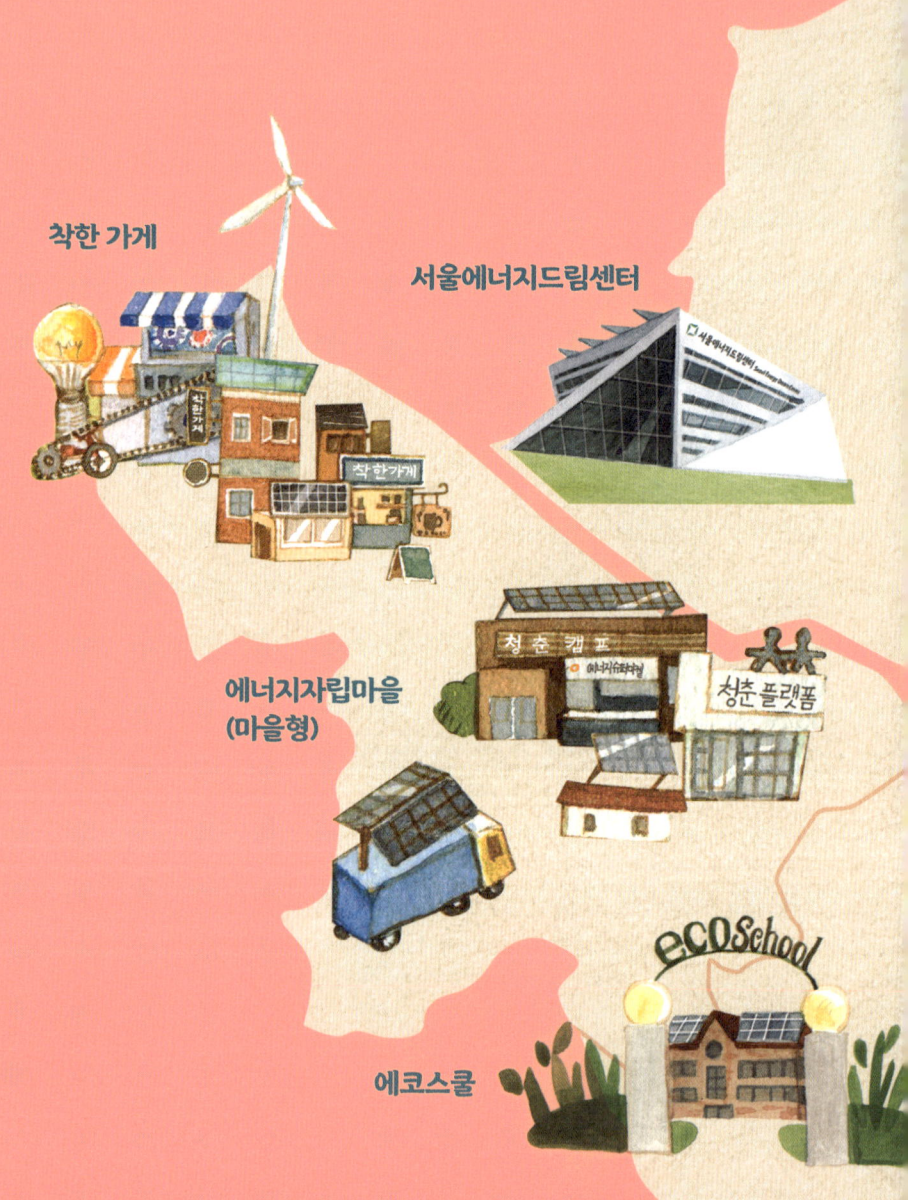

착한 가게

서울에너지드림센터

에너지자립마을
(마을형)

에코스쿨

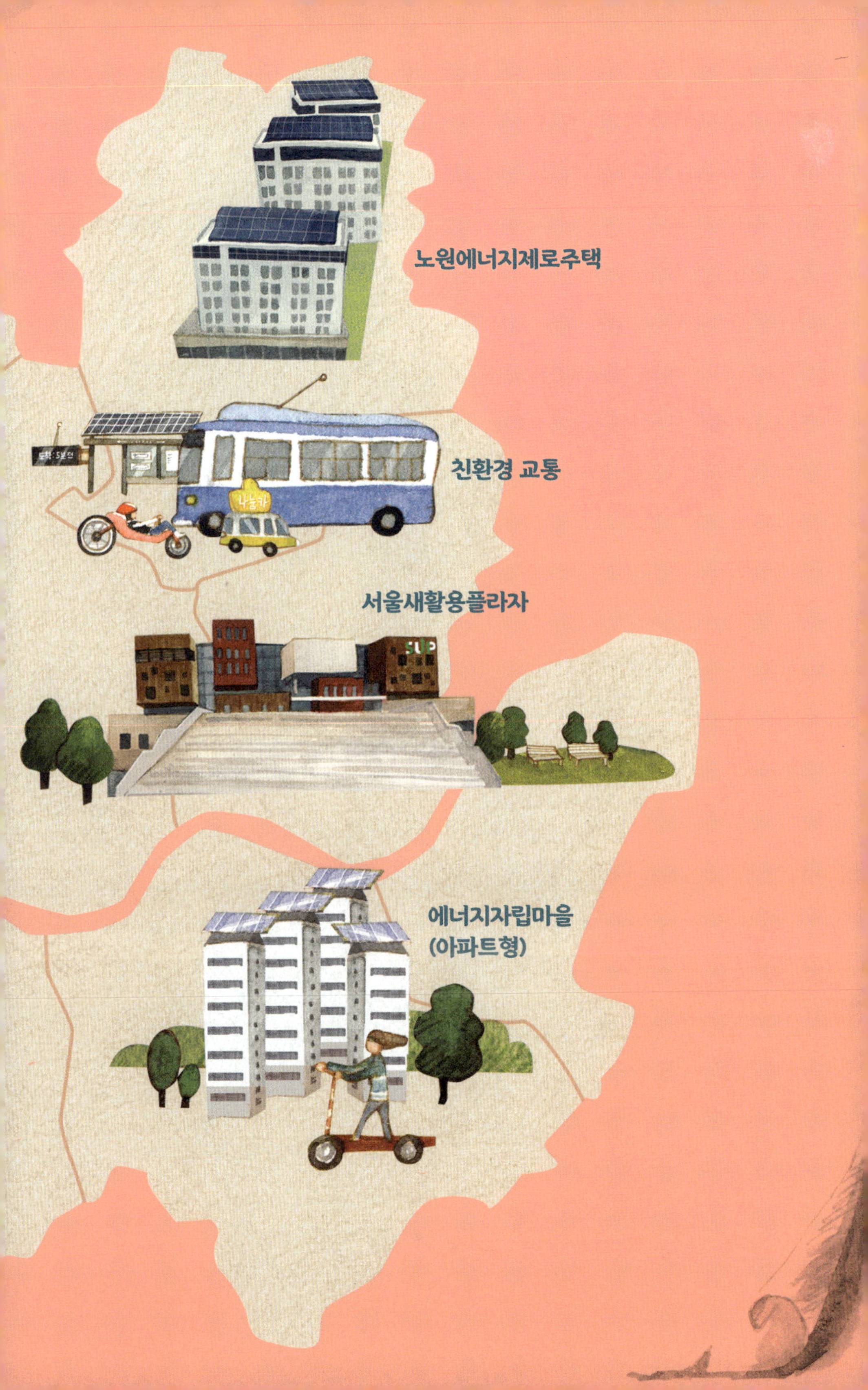
노원에너지제로주택
친환경 교통
나눔카
서울새활용플라자
SUP
에너지자립마을
(아파트형)

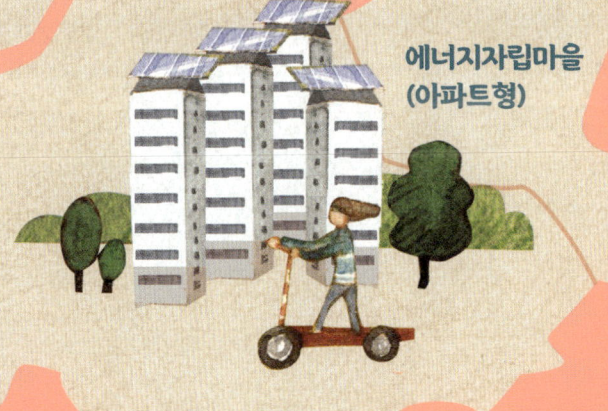

출발,
에너지 탐험!

"방금 전 서울에서 대규모 정전 사태가 벌어졌습니다. 지금 도시 곳곳은 혼란에 빠져 있습니다."

텔레비전이 켜지자 뉴스 앵커가 긴박한 목소리로 실시간 상황을 알렸다. 건물 1층 로비에 있는 대형 텔레비전의 속보를 보려고 사람들이 웅성거리며 몰려들었다. 그 시각 태양이는 20층 고층빌딩의 제일 높은 층에 있는 전망대에서 탁 트인 서울 풍경을 감상하고 있었다. 그런데 갑자기 전등이 꺼지고 전광판과 컴퓨터도 꺼지고, 엘리베이터도 멈춰버렸다.

"아니, 이게 왜 이러지? 정전인가?"

당황한 사람들이 웅성거리고, 전망대를 관리하는 사람들은 허둥대며 분주하게 뛰어다녔다. 10분, 20분…, 정전 사태는 생각보다 길어졌다. 엘리베이터를 기다리던 태양이는 할 수 없이 계단을 걸어 내려오기로 했다. 20층에서 헉헉 걸어서 내려오니 다리가 아프고 목이 말랐다. 시원한 아이스크림을 사먹으려고 1층 가게로 들어섰다.

"에잇, 이게 뭐야?"

더운 날씨에 냉장고의 전기 공급이 중단되자 태양이가 좋아하는 아이스크림이 흐물흐물 녹고 있었다. 시원하게 마셔야 할 음료수도 정전 사태가 길어지니 미지근해져버렸다. 전기는 그로부터 한 시간이 훌쩍 지나서야 들어왔고, 텔레비전의 속보를 보고서야 사람들은 이 건물에서만 일어난 정전이 아니라 서울에서 동시에 일어난 정전 사태라는 걸 알 수 있었다.

한편, 달님이는 태양이와 같은 건물에 있는 실내 수영장으로 가고 있었다. 날씨가 더울 땐 뭐니 뭐니 해도 시원한 수영장에서 노는 게 최고니까. 수영을 즐길 생각을 하며 달님이는 엘리베이터를 타고 바깥 풍경을 바라보고 있었다. 그런데, 갑자기 '덜컹' 하는 소리와 함께 엘리베이터가 멈췄다. 그 안에 함께 있던 다섯 사람이 꼼짝없이 갇혀버렸다.

"엇, 이게 무슨 일이지? 고장인가?"

사람들은 앞다투어 엘리베이터의 비상버튼을 눌렀다. 그리고 119에 전화를 걸어 엘리베이터의 고유식별번호를 알려주었다.

달님이는 좁은 공간에 갇히자 이내 공포가 밀려왔다. 누군가 우리를 구하려고 달려오겠지? 언제쯤 올까? 초조하고 불안했다. 이 답답한 상황을 참지 못한 한 아저씨가 엘리베이터 문을 쾅쾅 두드렸다. 곧 밖에서 사람들의 소리가 들렸다.

"구조대원입니다. 안심하세요. 곧 열어 드릴게요."

드디어 엘리베이터의 문이 활짝 열리고 환한 빛이 들어왔다. 달님이는 무사히 밖으로 나올 수 있었다. 달님이의 얼굴은 땀으로 흠뻑 젖어버렸고, 너무 놀라서 아직도 심장이 두근두근거렸다.

"휴, 정말 큰일 날 뻔했어."

"난 다리가 엄청 아파. 20층에서 걸어내려 왔다니깐."

태양이와 달님이는 건물 1층 로비에서 만나 방금 전에 서로가 겪은 이야기를 나눴다. 텔레비전에서는 두 사람보다 더 심각한 상황에 놓였던 사람들의 사례가 나왔다. 비상 발전기가 없는 작은 병원 수술실에서는 정전이 되어 하마터면 목숨을 잃을 뻔한 사람도 있었고, 아기들이 있는 병원 신생아실과 노인들이 머무는 요양병원에서도 위험한 상황이 발생했다. 신호등이 멈추자 도로 곳곳에서는 교통정체와 더불어 크고 작은 교통사고가 일어나는 등 대소동이 벌어졌다.

"전기는 정말 소중해. 전기는 공기처럼 평소에는 소중함을 잘 느끼지 못하지만 정전이 되면 엄청난 일이 벌어지니까."

"맞아. 정전은 왜 일어난 걸까? 우리가 전기를 너무 많이 써서 생긴 일일까? 다시는 이런 일을 겪지 않으려면 어떻게 해야 할까?"

"원인을 찾아봐야겠어. 해결할 좋은 대안을 직접 찾아보자."

태양이와 달님이는 초등학교 때부터 에너지수호천사단 활동을 하면서 에너지 문제에 관심이 많았다. 정전 사태를 직접 겪고 나니 어쩐지 뜨거운 사명감이 솟아올랐다.

일단 태양이와 달님이는 서울 지도를 펼쳐놓고 에너지로 유명한 건물과 마을, 가게, 공공시설 등에 동그라미를 그렸다. 꽤 많은 곳에 동그라미가 그려졌다. 과연 이곳은 에너지를 어떻게 쓰고 있을까, 왜 에너지로 유명해졌을까? 좀 더 자세히 알아보고 싶어졌다. 또, 우리 집과 마을에서는 에너지를 어떻게 사용하고 있는지도 알아보기로 했다. 태양이와 달님이는 수첩을 꺼내 방문할 곳을 하나씩 적었다. 모두 여덟 곳이나 됐다.

"우리가 직접 에너지 탐험을 떠나는 거야!"

과연 이곳에서 에너지의 대안을 찾을 수 있을까? 벌써부터 태양이와 달님이는 가슴이 두근두근 설렜다.

안녕? 난 동식물 관찰하기를 좋아하고 학교 텃밭과 넝쿨식물 가꾸는 일을 도맡아서 하고 있어. 여러 곳을 돌아다니며 직접 보고 느끼는 걸 좋아하는 적극적인 성격이지. 뭐든 시작하면 끝장을 봐야 해서 그런지 다들 나보고 집중력이 어마어마하다고 해.

# 달님이

**나이:** 15세   **학년:** 초록중학교 2학년
**사는 곳:** 서울 거주(노원구 하계동 노원에너지제로주택에 산다.)

난 호기심이 많고 새로운 것을 배우는 것을 좋아해. 내가 좋아하는 일에는 몰입하는 성격이지. 초록중학교의 태양광 발전소에서 날마다 전기 측정을 하면서 에너지 문제에 관심이 부쩍 생겨서 요즘은 에너지 공부에 집중하고 있어.

# 태양이

**나이:** 15세　**학년:** 초록중학교 2학년

**사는 곳:** 서울 거주(성북구 석관동 두산아파트의 고층에 산다.)

**찾아가는 길**　**성대골 에너지자립마을** _ 서울특별시 동작구 상도3·4동 성대시장 일대
성대시장 입구에서 국사봉 골짜기 일대에 있는 마을이 성대골이다. 성대시장 정류장에서
하차한 뒤 520m정도 걷다보면 성대골의 시작 에너지슈퍼마켙을 찾을 수 있다.

**호박골 에너지자립마을** _ 서울특별시 서대문구 홍은1동
호박골다리 정류장에서 하차한 뒤 호박골다리까지 116m를 걸으면
호박골 에너지자립마을을 만날 수 있다.

**에너지자립마을(마을형)**

# 마을 전체가
# 거대한 에너지 실험실

★★★★★★★

라면이 없는 슈퍼마'켙'
성대골은 에너지 실험실
성대골의 가장 큰 '에너지'는 사람!
태양을 이용하는 에너지마을

**1** 에너지슈퍼마켓 에너지 절약 제품을 판매하고 교육과 캠페인을 기획한다.

미니 태양광 백업센터 (1층) 마을기술팀 7명이 미니 태양광을 애프터서비스해준다.

청춘캠프 (2층) 청년들이 모여 이웃들과 함께 일하고 협업하는 공유 작업실

성대골 에너지학교 (2층) 에너지 교육과 회의를 하는 곳

**2** 성대골 어린이도서관 주민들이 함께 만든 동네 사랑방

**3** 성대골 경로당 옥상에 태양광 2kW(킬로와트)를 설치, 외단열과 내단열 공사를 하고, LED등 교체, 창호 틈새 바람막기 등 단열 개선 공사를 했다.

**4** 청춘 플랫폼 마을 청년들이 이웃들과 모여 밥을 먹으며 문화와 생활을 공유하는 공유 부엌

**5** 구립성대어린이집 태양광 발전 시설을 설치했으며, 창호를 교체하고 단열을 보강하는 등 건물의 에너지 효율성을 최대한 높였다.

**6** 대륙서점 30년간 좋은 책과 지식을 나눈 공간으로, 에너지를 아끼는 착한 동네 책방이자 북카페

# 라면이 없는 슈퍼마'켙'

"앗! 슈퍼마켓에 라면이 안 보이네. 이럴 수가…."

성대시장에서 골목길을 따라 얼마쯤 걸어가자 슈퍼마켓의 간판이 눈에 띄었다. 태양이는 반가운 마음에 슈퍼의 문을 활짝 열고 들어섰다. 그런데 슈퍼에서 쉽게 볼 수 있는 라면이 보이질 않고 통조림과 아이스크림, 진열대에 가득 차 있어야 할 알록달록한 과자도 보이질 않았다. 이게 어찌된 일이란 말인가? 보통 슈퍼마켓은 먹을거리부터 생활소품까지 다양한 생활용품을 판매하는 곳이자 동네 사람들이 모여 이야기와 정보를 나누는 곳이고, 때로는 거리와 방향을 찾는 이정표가 되어주기도 한다. 그러나 이곳은 우리가 아는 평범한 슈퍼마켓이 아니었다.

"에너지슈퍼마켙?"

뒤이어 달님이가 따라 들어오며 말했다. 태양이는 다시 밖으로 나와 간판을 올려다보았다. 자세히 다시 보니 뭔가 다르다. 이 슈퍼에는 절전형 멀티탭과 타이머 콘센트, 엘이디(LED) 전구, 태양광 휴대폰 충전기, 대기전력 측정기 등이 진열되어 있고, 각종 에너지 자료들이 곳곳에 꽂혀 있다. 이름도 '마켓'이 아니라 '마켙'이다.

"어서 오세요. 여기는 에너지 교육을 하는 에너지슈퍼마켙이에요."

에너지 활동가가 태양이와 달님이를 반가이 맞이했다.

"아하, 그래서인지 슈퍼마켓의 글자도 달라요."

달님이가 손가락으로 '마켙' 글자를 쓰는 시늉을 했다.

"마켓의 받침 글자를 'ㅌ' 자로 쓴 것은 에너지의 영문 첫 글자인 E를 표현한 것이에요."

에너지 활동가가 설명했다. 보통 슈퍼의 풍경과는 다르지만 마을 사람들이 오가는 큰길에 자리 잡고 있어 누구나 즐겨 찾는 것은 별반 다르지 않다. 서로 안부 인사를 하고 물건을 맡겨 놓기도 하고 동네 소식을 전하기도 한다. 그럼 이런 슈퍼가 있는 동네 성대골은 어떤 곳일까?

## 성대골은 에너지 실험실

에너지슈퍼마켙이 있는 성대골은 서울시 동작구 상도3동과 4동에 자리잡고 있다. 지하철 7호선 신대방삼거리역 성대시장 입구에서 국사봉 골짜기 일대에 있는 마을이 바로 성대골이다. 국사봉은 조선시대 세종 임금의 형님인 양녕대군이 올라 나라를 생각한 곳이고, 조선 건국 당시에는 무학대사가 한양 주변 산세의 풍수지리를 살펴보다가 사자암을 지었다고 한다.

"성대골에는 에너지 전문가가 정말 많다고 얘기 들었어요."

"이 슈퍼를 중심으로 놀라운 일이 벌어진다던데, 자세히 좀 얘기해 주세요."

태양이와 달님이는 앞다투어 질문을 했다.

"네, 지금부터 우리 마을에서 일어난 일을 찬찬히 설명해드릴

게요."

에너지 활동가가 활짝 웃으며 말했다. 5만 6천여 명, 2만 5천 세대가 살고 있는 성대골에는 지금 **에너지슈퍼마켓**을 중심으로 마을 곳곳에서 놀라운 일이 벌어지고 있다. 성대골에는 에너지 전문가들이 많이 살고, 에너지 절약을 실천하거나 관심이 많은 사람들이 모여든다. 2013년부터 에너지 진단사 20여 명이 주민들의 집을 방문해서 에너지 절약 방법을 알려주는 **가정 에너지 클리닉 서비스**를 진행했다. 성대골뿐 아니라 동작구 내 다른 가정과 어린이집, 상가, 학교에도 찾아가 에너지가 어디에서 낭비되고 있는지 진단하고 에너지 절약법을 알려주는 활동을 했다.

에너지를 진단하는 것에 그치지 않고 올바른 에너지 사용에 대한 설명과 **미니 태양광** 홍보도 곁들였다. 그러자 미니 태양광을 설치하는 집들이 생겨났다. 전기를 직접 생산하고 전기요금도 줄어들자 에너지에 대한 관심이 더욱 높아졌다. 간혹 미니 태양광을 설치하면 전기를 펑펑 쓸 수 있다고 생각하는 사람도 있었지만 꾸준히 반복해서 설명했다. 에너지 생산도 중요하지만 절약이 우선이라고.

에너지 문제에서 가장 중요한 것은 건물이다. 성대골마을학교 공간은 창호 틈새 바람잡기, LED등 교체 같은 **주택 에너지**

효율 개선 사업을 진행했고, 성대골 경로당과 아파트, 주상복합 공간, 빌라 등에도 따뜻하게 지낼 수 있는 주택 에너지 효율화 공사를 했다.

마을 연구원 49명과 함께 에너지 리빙랩 프로젝트도 시작했다. '살아 움직이는 연구소, 생활공간 자체가 실험실 또는 연구실' 이라는 뜻을 가진 리빙랩은 사용자의 눈으로 에너지 관련 신기술에 관한 문제점을 찾아내고 개선하는 방식이다. 리빙랩으로 탄생한 것이 바로 미니 태양광 DIY 시제품과, 동작신협에서 태양광 설치비를 낮은 금리로 지원받을 수 있는 우리집솔라론, 주민들의 눈높이에 맞춘 태양광 홍보물과 어린이를 위한 태양광 인형극이다. 주민들이 마을의 에너지 연구원이 되어 수차례 강의를 듣고 실험하여 다양한 문제점과 개선 방법을 스스로 찾아낸 결과다.

에너지슈퍼마켓 www.e-super.co.kr

"그런데요, 성대골 사람들은 왜 에너지 문제에 관심을 가지게
되었어요?"

에너지 활동가의 설명을 듣던 달님이가 마을에 오기 전부터
계속 궁금했던 질문을 했다.

"혹시 후쿠시마 원자력발전소 사고에 대해 들어본 적 있어요?"

"엇, 들어봤어요. 대지진 때문에 원자력발전소가 폭발한 엄청
난 사고 맞죠?"

에너지 활동가의 말에 태양이가 뭔가 생각난 듯 말했다.

2011년 3월 11일 일본의 후쿠시마 원자력발전소 사고 뉴스를
보면서 성대골 사람들은 무언가 행동으로 옮겨야겠다고 생각
했다. 이대로 계속 방사성 물질을 내뿜는 위험한 전기를 쓸

것인가를 고민했다. 우선 전문가를 초청하여 환경 강의를 여러 차례 듣고 에너지를 절약하는 **절전소 운동**부터 시작해보기로 했다. 의기투합한 주민들은 성대골어린이도서관 벽면에 집집마다 에너지 사용량을 기록한 절전소 그래프를 붙이기 시작했다. 처음 열다섯 가정이 참여한 이후 60여 가정으로 늘었다. 그래프를 붙이니 누가 에너지 절약을 잘하고 있는지 한눈에 보였다.

마을에 있는 가게에도 함께 에너지를 줄여보자고 설득했다. 성대시장에 있는 상가부터 찾아가 설득하고 단골이나 지인을 통해서도 설명하여 에너지를 아끼는 **착한 가게**를 발굴했다. 착한 가게는 간판 조명을 밤새 켜놓거나 문을 열어둔 채 에어컨과 난방기를 가동하는 것 같은 에너지가 낭비되는 일을 하지 않고, 조명을 LED등으로 교체하고, 대기 전력을 차단하는 절전탭 사용 등을 실천했다. 출입문같이 잘 보이는 곳에 착한 가게 스티커도 붙였다.

에너지 운동에서 가장 중요한 것은 뭐니 뭐니 해도 사람이다. 성대골에서는 다양한 교육을 통해 **에너지 전문가**를 양성했다. 착한 에너지 지킴이 강좌, 에너지 기후변화 강사 양성 과정, 에너지 전환 운동과 관련한 각종 워크숍을 열었고, 이렇게 교육받은 강사들은 국사봉중학교와 장승중학교 등의 학교와 크고

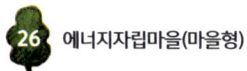

작은 모임에서 다양한 에너지 교육을 했다.

에너지 교육이 반드시 진지하고 엄숙할 필요는 없다. 신나게 놀면서 **에너지와 친해지는 프로그램**이 없을까 고민했고 성대골 착한 에너지 합창단을 만들어 여러 환경 행사의 무대에 떨리는 마음으로 올라가 공연을 했다. 성대골 유랑극단, 성대골 에너지 인형극, 성대골 바투카타 공연단, 성대골 비전력놀이팀의 인형극장 등 에너지와 문화가 만나는 방법은 무척 다양했다. 에너지를 주제로 그림자극을 만들고, 공원에 텐트를 치고 재활용품을 이용해 '텐트속 인형극'이라는 작은 인형극도 열었다. 이런 활동을 하는 사람들은 대부분 아이를 키우는 엄마들이다. 아이들과 함께 적극적인 활동을 하고 싶어하는 마음과 열정이 모인 덕분에 즐거운 일을 벌일 수 있었다.

생태와 에너지, 평화, 인권, 청년, 다문화 등 마을에서 다양한 주제로 활동하는 여러 단체들이 참여하여 들썩들썩 새로운 **축제**도 열었다. 동네 공원과 학교, 시장에서 여는 축제에는 해마다 주민들 500여 명이 참여하고, 체험부스와 공연, 착한 가게 캠페인 등을 진행하고 있다. 이 축제는 에너지와 기후변화 문제를 지역 주민들에게 알리는 데 큰 역할을 했고, 지역에서 활동하는 여러 단체들이 축제를 즐기는 주민들과 만나 친해지는 좋은 계기가 되기도 했다.

## 성대골의 이모저모

태양광
휴대폰
충전기

에너지슈퍼마켙 내부

미니 태양광

에너지슈퍼마켙 간판

절전소 그래프

성대골어린이도서관

구립성대어린이집

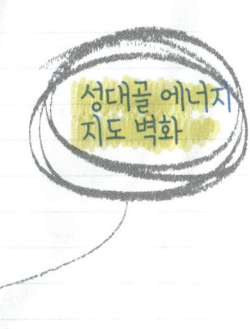

성대골 에너지
지도 벽화

에너지카 해로

에너지수호대 해요 버스

미니 태양광 백업센터(에너지 슈퍼마켙 1층),
청춘캠프(에너지 슈퍼마켙 2층)

착한 가게

펠릿난로,
대기 전력 측정기

성대골 주민들은 서울시 곳곳으로 활동 범위를 넓혔다. 800W(와트)의 태양광이 설치된 에너지카 해로는 마을과 학교, 축제 현장을 찾아갔다. 4월에서 11월까지 서울의 여러 지역과 학교를 누비며 에너지 교육을 하는데, 자전거 발전기의 페달을 힘껏 돌려 달콤한 솜사탕과 생과일주스를 만들고, 뜨거운 태양열을 모아 커피와 삶은 달걀 등을 맛볼 수 있게 하니 가는 곳마다 인기만점이었다.

"요즘 성대골에 지방에서 찾아오는 손님들이 늘었고, 수학여행을 오는 학생들도 있대."

"정말? 엄청난걸."

달님이는 에너지 활동가에게 들은 얘기를 태양이에게 해주었다.

"더 놀라운 사실도 있어. 성대골을 연구한 논문도 이미 여러 편이래."

"와아, 성대골이 에너지에 관한 거대한 실험실이라더니 사실이었구나."

"성대골엔 불가능이란 없어."

이런 놀라운 일은 뛰어난 리더와 헌신적인 마을 활동가들, 그리고 유쾌하고 열정 가득한 마을 사람들이 힘을 모았기 때문이라는 걸 태양이와 달님이도 잘 알 수 있었다.

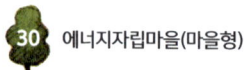

# 태양을 이용하는 에너지마을

2012년부터 서울시에서 시작한 에너지자립마을은 기후변화와 에너지 위기에 대응하기 위해 마을 주민들이 직접 참여하여 만들어가는 친환경 마을 공동체이다. 주민들이 에너지 소비를 줄이고 에너지 효율은 높이고, 신재생에너지 생산을 늘려 에너지 자립도를 높여가는 마을이다. 이런 적극적이고 활발한 활동을 통해서 에너지 일자리를 만들고 소득도 창출하여 마을 에너지 경제를 살리는 진정한 마을 공동체이다.

마을 주민들이 함께 에너지를 절약하고 깨끗한 에너지를 생산하면 혼자서 하는 것보다 훨씬 더 큰 힘과 지혜를 모아 놀라운 변화를 이끌어낼 수 있다. 2012년 7개 마을이 시작한 서울시 에너지자립마을은 2018년 현재 100곳으로 늘어났다. 성대골은 가장 오래된 에너지자립마을이다. 주거 형태에 따라 단독주택형과 공동주택형, 학교와 종교시설, 단체 등 기타 공동체형도 있는데, 마을마다 개성과 역량을 발휘하여 놀라운 에너지 역사를 쓰고 있다.

북한산과 백련산 자락에 자리잡고 있는 산골마을(은평구 녹번동과 응암동 일대)은 1960~70년대 산비탈에 무허가 판자와 텐트로 만든 주거촌이 생기면서 형성된 마을이다. 산골짜기에 마을이 있어 햇볕이 적게 들고 겨울에는 칼바람이 불어 추위에 떠는 주민들이 많았다. 2013년부터 서울시 에너지자립마을 조성 사업의 지원을 받으면서 에너지 문제에 눈을 뜬 주민들은 낡은 주택의 창호마다 단열 비닐을 시공하고 조명은 LED로 교체했으며 대기전력 차단, 멀티탭 사용 등 에너지 절약법을 실천에 옮기기 시작했다. 서울시와 함께 에너지 복지 사업을 펼치는 '에너지를 나누는 이로운 기업'의 지원을 받아 21가구는 태양광 패널을 설치했고, 낡은 집들은 집수리를 꼼꼼하게 했다. 그러자 전기요금이 30%나 줄어드는 놀라운 효과가 나타났다.

이런 결과를 만들기까지 많은 사람들의 노력이 있었다. 가가호호 찾아가서 에너지 컨설팅을 하면서 몰랐거나 무관심해서 놓치고 있던 집안의 에너지를 점검하고 개선 방법을 함께 찾

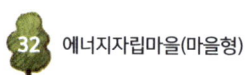

았다. 난방 에너지를 아끼면서도 겨울을 따뜻하게 날 수 있는 단열 시공, 물 절약을 위한 절수 샤워기와 변기 조절기 보급 등 다양한 실천을 함께하면서 자주 소통하다 보니 주민들은 서로 가까워졌다. 마을길 청소와 골목길 화단 가꾸기, 도로와 담장 정비, 마을회관 마련까지 함께하고 나니 우중충했던 마을 풍경은 어느덧 사라지고 자랑거리가 넘치는 마을이 되었다.

서대문구 홍은1동에 있는 **호박골**도 대표적인 에너지자립마을이다. 이곳은 과거에 주민들이 인분을 모아놓은 자리에 호박을 심었더니 호박이 풍성하게 자라서 호박골이라 부르게 되었다고 한다. 호박골에는 집 대문마다 가로등 역할을 하는 호박 모양의 등을 달았다. 이 호박등을 밝히는 에너지는 태양광인데, 등 옆에 작은 태양광 패널이 붙어 있거나 옥상에 있는 태양광 패널에서 생산한 전기를 이용하고 있다. 2015년부터 서울시 에너지자립마을이 되었고, 이듬해부터 태양광 패널을 마을 곳곳에 설치하여 호박골과 인근에 사는 집들까지 포함해 무려 500여 가구가 태양광 발전으로 전기를 생산하고 있다.

마을 놀이터에는 태양광 패널로 만든 지붕을 달았고, 홍은청소년공부방에는 난방을 위해 건물 내외부 리모델링을 하고 옥상에는 태양광 휴식 공간을 만들고, 홍제천변에는 태양광 분수대도 만들었다.

# 에너지자립마을 호박골의 이모저모

## 주민들이 함께 가꾸는 텃밭

## 빗물 저금통

홍은1동 자치회관 별관에 설치한 빗물 저금통

## 태양광 에너지로 불을 밝히는 골목길 호박등

주민들이 가꾸는 텃밭에 있는 빗물 저금통

## 호박골 구석구석에 설치되어 있는 미니 태양광

홍제천

호박골 가정집

북한산 호박골 놀이터

동네 마당 야외 원형 극장

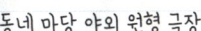

테니스장

북한산 자락에 있는 생태텃밭은 빗물을 모아 가꾸고 재배한 채소를 주민들이 서로 나누어 먹는다. 텃밭에는 자동으로 빗물을 살수하는 장치를 설치했는데, 호박골 마을 활동가들이 개발한 이 자동살수기는 태양광 발전기로 작동된다. 뿐만 아니라 에너지 교육과 비전력별빛캠프, 에너지자립마을축제, 에너지환경영화제 등 다양한 프로그램 덕분에 호박골은 언제나 들썩들썩 재밌는 일이 벌어지고 있다. 이런 에너지자립마을은 이웃과 함께라면 누구나 만들 수 있다.

"지금 서울에 에너지자립마을이 100곳이나 있다고?"

"우아, 100곳이나…, 엄청나네."

달님이의 말에 태양이는 놀란 듯 눈이 동그래졌다.

"이런 마을이 늘어나면 정전 걱정은 없겠다."

"정말 그렇네. 다른 곳을 또 탐험해볼까?"

"다시 출발!"

## 에너지자립마을은 무려 100곳!

지금 서울시에는 에너지를 주제로 이웃과 함께 훈훈한 마을공동체를 만들어가는 에너지자립마을이 늘어나고 있다. 기후변화와 에너지 문제를 극복하기 위해 노력하는 에너지자립마을은 무려 100곳(2018년 기준)으로 늘었다.

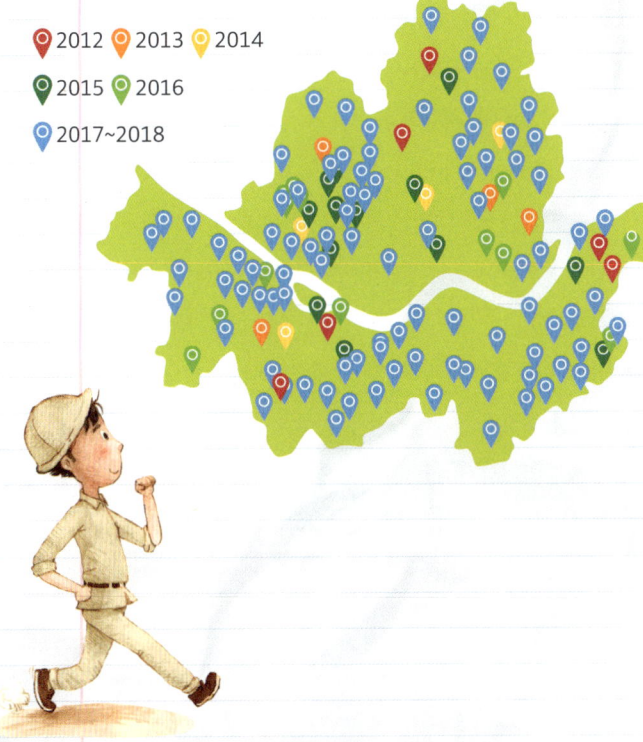

📍2012 📍2013 📍2014
📍2015 📍2016
📍2017~2018

# 친환경 도시계획가와 마을 활동가

친환경 도시계획은 오래되고 낙후된 구도심과 신도시를 친환경적이고 생태적으로 계획하여 자연환경을 보전하고 탄소 배출을 줄이고, 지역의 고유한 문화를 살릴 수 있는 도시를 만들어가는 것이다. 푸른 숲과 공원을 가꾸고 구불구불한 자연 하천을 살려 생태축과 바람길을 연결하면 도심 열섬 현상과 열대야를 막을 수 있고, 신재생에너지를 생산하고 제로에너지빌딩을 세우면 도시의 에너지 소비량도 대폭 줄일 수 있다.

이런 친환경 도시에서는 거주자가 쾌적할 뿐 아니라 관광객도 늘어나 상권이 살아난다. 독일의 프라이부르크와 브라질의 쿠리치바 같은 생태도시는 해마다 수많은 관광객과 도시계획 전문가들이 즐겨 찾는 곳으로 유명하다. 이렇게 자연과 인간이 잘 어우러지는 도시를 계획하는 사람이 바로 **친환경 도시계획가**이다. 친환경 도시계획가는 자연과 인간에 대한 이해뿐 아니라 미래 도시의 모습까지 내다볼 줄 알아야 하고, 도시와 인간의 삶에 대한 폭넓은 이해와 지식을 가져야 하고, 여러 분야를 종합적으로 바라보는 안목, 사람들의 삶이 어떻게 달라질 것인지를 내다보는 예측 능력도 필요하다.

친환경 도시계획가는 중앙정부와 지방정부의 도시계획 관련 부서, 국토개발 관련 공사, 공공과 민간연구소, 학계, 도시계획 엔지니어링 회사 등 여러 분야에서 활동하고 있다. 도시계획을 세우려면 현장답사를 자주 나가야 하고, 지역 주민들과 공공기관 담당자, 도시계획위원회 등 다양한 사람들과 오랜 시간 의견을 나누고 합의점과 대안을 찾기 위해 노력해야 한다. 도시계획, 도시설계, 도시환경, 건축, 조경, 교통 등 대학교에서 전공 공부를 하거나, 석사와 박사 학위가 있다면 더 폭넓게 일할 수 있다.

**마을 활동가**는 오래된 숲이나 강, 문화재 같은 관광자원, 건물과 학교, 주민들이 가진 기술 등 마을에 있는 다양한 자원을 적극 활용하여 마을을 지금보다 더 살기 좋은 곳으로 만들어가는 사람이다. 혼자가 아니라 지역 주민들과 힘과 지혜를 모아 더 나은 방향으로 나아가는 대안운동을 하는 사람이다. 학력에 관계없이 마을에 대한 열정과 아이디어, 마을 주민들에 대한 무한한 애정과 신뢰를 가지고 대화하고 협력하는 일을 좋아한다면 누구나 마을 활동가가 될 수 있다.

도시나 농촌, 섬마을 등 어느 마을이든 마을에 필요한 일은 많다. 주민들이 모여서 함께 즐기는 마을 프로그램 운영, 마을 텃밭 일구기, 함께 모여 저녁식사를 하거나 영화 보기, 마을의 정보 나누기, 공공기관의 다양한 지원사업 알려주기, 에너지 절약 함께 실천하기 등 마을 공동의 이익을 위해 마을 활동가가 할 일은 무척 많다.

마을 활동가는 마을의 지리와 역사, 문화뿐 아니라 도시의 역사, 도시재생, 환경 문제, 인류학, 문화재까지 공부해야 할 분야가 폭넓기 때문에 부지런히 공부해야 하고, 다양한 곳을 답사하여 아이디어를 얻고, 늘 열린 마음으로 대화하고 연구하는 마음을 가져야 한다. 주민들이 겪는 작은 생활의 불편을 해결하기 위해 노력하다 보면 마을에 꼭 필요한 사업을 찾아낼 수도 있다.

## 함께하는 에너지 체험 활동

### 에코마일리지를 모아라!

에너지를 절약하고 마일리지도 모으자! 에코마일리지는 친환경을 의미하는 에코(eco)와 쌓는다는 뜻을 가진 마일리지(mileage)가 결합한 합성어로 시민 참여 에너지 절약 운동을 말한다. 서울의 가정이나 가게, 기업 등에서 에코마일리지에 가입한 후 전기와 도시가스, 수도, 지역난방 같은 에너지 사용량을 줄여 절약하면 온실가스 배출량을 줄이고 마일리지도 받을 수 있다.

### ☆ 에코마일리지란?

서울 시내에 있는 가정과 사업장이 에코마일리지에 회원으로 가입하면 에너지 사용량을 무료로 관리해주고, 에너지 절약 실적이 우수한 회원에게는 마일리지(보상품)를 주는 시민 자발적 에너지 절약 운동이다.

### ☆ 에너지의 종류

전기, 수도, 도시가스, 지역난방

### ☆ 가입 유형

개인 회원(가정), 단체 회원(건물, 사업장, 아파트 단지, 학교, 종교시설 등)
※ 아파트 같은 공동주택에서는 세대별로는 개인 회원, 단지 전체로는 단체 회원으로 가입 가능하다.

## ⭐ 운영 방법

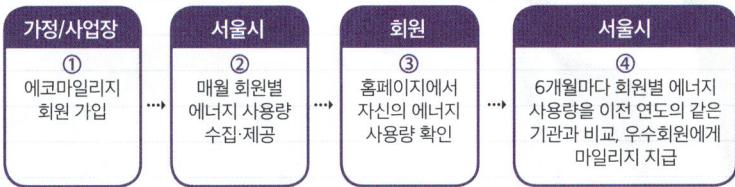

| 가정/사업장 | 서울시 | 회원 | 서울시 |
|---|---|---|---|
| ①<br>에코마일리지<br>회원 가입 | ②<br>매월 회원별<br>에너지 사용량<br>수집·제공 | ③<br>홈페이지에서<br>자신의 에너지<br>사용량 확인 | ④<br>6개월마다 회원별 에너지<br>사용량을 이전 연도의 같은<br>기간과 비교, 우수회원에게<br>마일리지 지급 |

① 에코마일리지 회원 가입 : 인터넷 신청(서울시청 '에코마일리지' 검색), 방문 신청 (구청 민원실 또는 동주민센터)

② 회원별 에너지 사용량 수집·제공(매월) : 한전, 상수도 기관, 가스업체 등 에너지 공급처를 통해서 사용량을 수집

③ 에너지 사용량 확인 : 인터넷 또는 모바일로 자신의 에너지 사용량 확인 가능

④ 마일리지 지급 : 6개월마다 에너지 사용량을 이전 연도의 같은 기간과 비교하여 절약 실적 우수회원에게 마일리지(보상품) 지급 / 마일리지 지급 대상 회원에게는 이메일 또는 휴대전화로 알림

## ⭐ 회원 가입 혜택

· 개인 회원(가정) : 관리 대상 에너지를 두 종류 이상 선택한 회원으로서 가입월로부터 6개월 단위로 이전 사용량(이전 2년간의 같은 기간 평균 사용량, 2년간의 자료가 없는 경우에는 전년도 사용량)과 비교하여 탄소배출량 기준으로 5~15% 이상 절감하면 1~5만 마일리지(1~5만 원)를 적립해준다. 적립한 마일리지는 친환경 제품 등과 교환할 수 있다.

· 단체 회원(가정 외) : 6개월 단위로 이전 사용량과 비교하여 절감 실적과 우수 실천 사례 중심으로 평가하여 시상한다.

## ⭐ 문의 서울시 다산콜센터(120), 에코마일리지(ecomileage.seoul.go.kr)

**함께하는 생각거리**

**STEP 1.** 본문을 읽은 후 짝꿍과 함께 떠오르는 단어들을 중심으로 비주얼 씽킹맵을 그려보자. 그리고 이것을 보면서, 글의 주제를 간략하게 설명해보자.

예)정전, 에너지슈퍼마켓, LED, 절전형 멀티탭, 미니 태양광, 에너지 리빙랩 프로젝트, 절전소 운동, 에너지카 해로

**STEP 2.** 후쿠시마 원자력발전소 사고는 성대골 사람들에게 어떤 영향을 주었는가?

**STEP 3.** 방사성 물질을 내뿜는 위험한 전기를 계속 써야 할까? 만약 내가 결정할 수 있다면 어떻게 하고 싶은가?

**STEP 4.** 위험한 전기를 쓰지 않기 위해 성대골 사람들이 먼저 시작한 일은?

예)성대골어린이도서관 벽면에 집집마다 에너지 사용량을 기록한 절전소 그래프를 붙이기 시작했다.

성대시장 상가에 찾아가 에너지를 아끼는 착한 가게를 발굴했다.

**STEP 5.** 성대골 사람들은 에너지 교육을 위해 어떤 노력을 기울였나?

예)착한 에너지 지킴이 강좌, 에너지 기후변화 강사 양성 과정, 에너지 전환 운동과 관련한 각종 워크숍을 열었다.

착한 에너지 합창단을 만들고 여러 환경 행사의 무대에서 노래 공연을 했다.

**STEP 6.** 호박골에서는 에너지 자립을 위해 어떤 실천을 했는가?

예)집 대문마다 가로등 역할을 하는 호박 모양의 등에 태양광 에너지를 이용했다.

**찾아가는 길**    **노원에너지제로주택 _**

서울특별시 노원구 한글비석로 97 (노원이지센터 02-978-7800)

하계역 2번 출구에서 585m 쭉 걸으면 노원에너지제로주택이 나온다.

# 2

노원에너지제로주택

# 좋은 집이란 뭘까?

★★★★★★★

똑똑한 집을 찾아서
적극적이면서 소극적인 집?
이롭고 지속 가능한 '이지 하우스'
미래 도시엔 모두 에너지제로 건물!

노원 에너지 제로 주택

| | |
|---|---|
| ❶ | 태양광 패널 |
| ❷ | 열교 차단 발코니 |
| ❸ | 노원이지센터 |
| ❹ | 열회수형 환기 장치 |
| ❺ | 단열문 |
| ❻ | 삼중유리창호 시스템 |
| ❼ | 외단열 공법 |
| ❽ | 장수명 주택 |

## 똑똑한 집을 찾아서

"여기 어딘가 똑똑한 집이 있다고 했는데 어디에 있지?"

태양이는 지도를 보며 새로운 에너지 탐험지를 찾았다.

"아하, 여기구나. 건물에 태양광 패널이 있는 걸 보니 여기가

맞네. 달님이는 잘 찾아오고 있겠지?"

태양이는 주변을 휘 둘러보며 달님이를 기다렸다.

"태양아, 여기야. 2층으로 올라와."

"엇, 먼저 도착해 있었네, 달님아."

건물 2층에서 달님이가 손을 흔들었다.

"사실은 말이야. 여기는 우리 집이야."

"정말? 부럽다. 이렇게 좋은 곳에서 살고 있다니…."

태양이는 부러운 눈빛으로 달님이를 바라보았다.

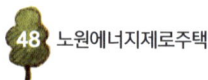

달님이네 집은 서울시 노원구 하계동 노원에너지제로주택이다. 이곳은 일반주택에선 찾아보긴 어려운 특별 장치들이 곳곳에 숨어 있다.

"집안이 시원한데 에어컨 켰니? 집안의 공기도 맑은 것 같고…. 내가 온다고 많은 걸 준비한 모양인데!"

"무슨 소리! 에어컨은 틀지 않았고, 환기를 위해 창문을 열어 두지도 않았어."

달님이는 창문과 출입문이 굳게 잘 닫혀 있다는 걸 보여주려는 듯 창문 가까이로 다가갔다.

"그럼 비결이 뭐야?"

태양이는 점점 궁금해졌다.

"바로 열회수형 환기 장치가 작동하고 있기 때문이야."

"열회수형 환기 장치? 이름이 너무 어려운데 그게 뭐야?"

"그건 말야. 전문가에게 여쭤보자. 우리 주택을 안내하는 마을 해설사가 계시거든."

달님이가 말했다. 노원에너지제로주택의 방문자 센터인 노원이지센터에는 마을 해설사가 활동한다.

"제가 마을 해설사랍니다. 자, 그럼 지금부터 노원에너지제로주택의 비밀을 알아볼까요?"

# 노원에너지제로주택의 이모저모

## 노원이지센터

노원에너지제로주택이 궁금해서 찾아오는 방문객을 위해 잘 꾸며놓은 전시 공간이다. 게스트하우스에서는 누구나 하룻밤 묵으면서 에너지제로주택을 체험할 수도 있다.

## 열교 차단 발코니

건물 바깥으로 튀어나온 발코니는 열이 빠져나갈 수 있는데, 특수 열교 차단 구조물을 사용하여 열 손실을 막는다.

## 태양광 패널

건물의 옥상과 벽면 곳곳에 설치된 태양광 패널 1,284개에서 1년 동안 40만 7천kWh 전기를 생산한다.

## 외부 전동 블라인드

외부 전동 블라인드가 여름엔 뜨거운 햇볕을 막고, 겨울엔 외풍을 막아준다.

## 노원에너지제로주택 텃밭

꽃과 나무, 채소가 자라는 녹색공간이 넉넉하다.
(생태 면적률 40% 마련)

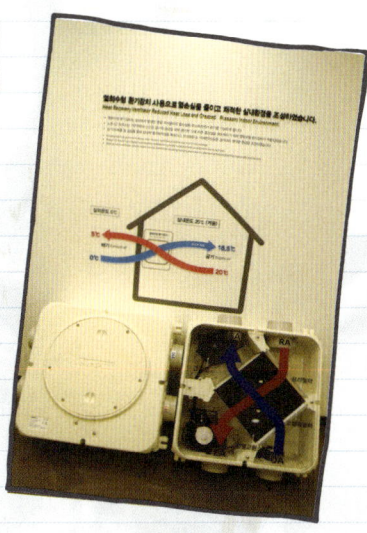

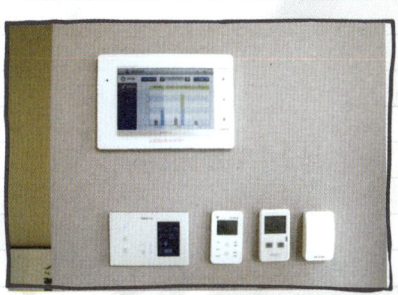

## 스마트홈 시스템

난방과 조명, 취사 등 집안에서 사용하는 에너지
양과 온도, 습도 등을 실시간 측정한다. 대기전력
도 자동으로 차단해준다.

## 열회수형 환기 장치

에너지 제로주택에 적용된 핵심 기술 중
하나이다. 적정 온도와 신선한 공기질을
유지시키고 에너지 효율을 높여준다.

# 적극적이면서 소극적인 집?

에너지제로주택에 설치된 **열회수형 환기 장치(공기 순환기)**는 실내의 오염된 공기를 내보내고, 바깥의 맑은 공기를 실내로 공급하는 일을 한다. 일반 주택에서는 창문을 열어 환기를 하면 실내의 열도 함께 빠져 나가기 때문에 겨울엔 집안이 추워지고 그만큼 난방에너지도 많이 쓰게 된다. 반대로 여름에는 뜨거운 열기가 들어와 집안이 더워진다. 그러나 열회수형 환기 장치는 열 손실 없이 탁한 공기만 걸러서 내보내기 때문에 에너지제로주택은 겨울철엔 따뜻하게, 여름철엔 시원하게 지낼 수 있다. 이 장치 덕분에 미세먼지 걱정도 덜고, 실내 공기질은 늘 쾌적하게 관리된다. 별도의 냉난방 장치를 가동하지 않아도 여름에는 26℃, 겨울에는 20℃를 유지할 수 있다.

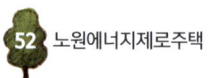

이 뿐 아니라 건물의 바깥을 단단하게 둘러싼 외단열과 기밀(氣密, 공기가 새거나 드나들지 못하도록 꽉 막힘) 자재를 사용하여 외부의 더운 공기나 찬 공기가 집안에 들어오지 못하게 튼튼하게 지었다. 마치 집을 보온병에 집어넣은 것같이 빈틈없이 단단하게 설계했다.

에너지 손실이 많은 현관문도 기밀성능 1등급 고단열 고기밀의 단열문을 달았고, 창문은 3중 로이유리 창호를 달아서 밖으로 새는 열을 최대한 막고, 창문틀에는 기밀 테이프를 꼼꼼하게 붙여 찬바람이 들어오지 않도록 철저하게 막았다. 창밖에는 외부 전동 블라인드를 설치했는데 여름에는 블라인드가 유리창을 통해 들어오는 태양열을 차단하여 시원하고 겨울엔 외풍을 막아준다.

이렇게 노원에너지제로주택은 냉난방 에너지 소비를 최소화하는 패시브 설계 기술을 적용하여 건축했기 때문에 에너지 사용량을 일반 주택의 평균 에너지 사용량보다 약 61%를 줄였다. 뿐만 아니라 태양광, 지열과 같은 신재생에너지를 적극 생산하는 액티브 기술도 도입했다. 건물의 옥상과 벽면 곳곳에는 태양광 패널을 1,284개 설치했는데, 그 패널들이 생산해 내는 전력량이 연간 40만 7천kWh나 된다. 건물마다 햇볕이 골고루 잘 들 수 있게 건물 사이의 간격을 넓혀서 태양광 패널이 설치된 벽면에 그늘이 지는 것을 막았다. 냉방과 난방, 온수(급탕)는 땅속 160m까지 천공 48개를 뚫어서 지열히트펌프로 끌어올린 지열을 이용한다.

"자, 이 주택의 비밀을 이제 알겠죠?"

마을 해설사가 말했다.

"이곳에서는 필요한 에너지를 단지 내에 설치된 태양광발전기와 지열히트펌프에서 직접 생산해서 공급해. 사용하고 남을 만큼 많이 생산된 때는 한국전력으로 전기를 보내고, 생산량이 모자랄 때는 한국전력에서 제공되는 전기를 받아서 이용하고 있어."

달님이가 설명을 덧붙였다.

"1년 동안 이곳에서 생산하는 전력량에서 입주민들이 소비하는 전력량을 빼서 그 차이가 제로(Zero)가 되는 것을 목표로 하고 있어. 그래서 이곳의 이름이 노원에너지제로주택이야."

"아, 그렇구나. 달님이 너 엄청 똑똑하다."

태양이가 감탄을 하며 달님이를 칭찬했다.

"네가 온다고 해서 공부 좀 했지."

달님이가 깔깔 웃었다.

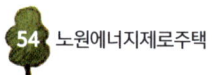

## 에너지제로주택이란?

에너지 소비량과 에너지 생산량의 차이가 0(Zero)인 에너지 자립형 주택을 말한다. 에너지제로주택은 액티브(Active) 하우스와 패시브(Passive) 하우스가 결합될 때 완성될 수 있는데, 적극적인(Active) 집과 그러면서 소극적인(Passive) 집이라니 무슨 뜻일까?

액티브 하우스는 햇빛, 지열, 풍력 등 자연 에너지를 이용하여 적극적으로 에너지를 생산하는 집을 말한다. 패시브 하우스는 건물의 단열을 강화하고 에너지 손실을 줄여 에너지 소비를 최소화한 주택을 말한다. 난방 에너지 절약을 위해 열이 밖으로 새나가지 않도록 최대한 차단하여 실내 온도를 따뜻하게 유지하는 것이다. 기후변화 시대에 에너지제로주택은 꼭 필요한 대안이라 할 수 있다.

# 이롭고 지속 가능한 '이지 하우스'

"앗, 나비다. 이 텃밭에 나비가 많이 날아왔어."

"여기는 우리 집 텃밭이야. 내 향기를 맡고 나비가 날아왔나 봐. 하하하."

달님이가 머리카락을 뒤로 넘기는 시늉을 했다. 달님이네 텃밭에는 여러 가지 꽃과 채소가 자라고 있다. 달님이는 시간이 날 때마다 텃밭에 물을 주고 식물과 곤충을 관찰하곤 한다. 노원에너지제로주택 안에는 이렇게 텃밭이 있고 나무와 꽃이 자라는 공간도 넉넉하다. 이것을 생태 면적률(토지 개발 계획의 대상이 되는 면적 가운데 자연 순환 기능이 있는 토양의 면적이 차지하는 비율)이라고 하는데, 노원에너지제로주택의 생태 면적률은 40%나 된다(일반 아파트 단지는 30% 수준).

지하의 빗물 저장고에 빗물 272톤을 모아서 다시 사용하고, 단지 안에서 휠체어를 타고 불편하지 않게 다닐 수 있도록 모든 장애물을 제거한 무장애 공간으로 설계했다. 건물의 바닥과 천장, 기둥 같은 기본 골격을 튼튼하게 짓고 건물 내부 리모델링은 쉽게 할 수 있는 구조로 설계하여 100년은 거뜬히 살 수 있는 장수명 주택으로 지었다. 세월이 흘러 가족이 늘어나거나 집 구조를 바꾸고 싶을 때도 내부 수리만 하면 된다.

노원에너지제로주택은 전국 최초로 에너지 자급자족을 목표로 지은 공동주택단지다. 에너지를 자급자족하는 패시브 건축물과 에너지 자립건물 중에 단독 건물이나 연구용 건물은 전국에 여러 곳 세워졌지만 121세대나 되는 대규모 공동주택으로 지은 것은 이곳이 처음이다.

노원에너지제로주택은 '이롭고 지속가능한 주택'이라는 뜻으로 이지 하우스(EZ House)라고 부르는데, '이지'는 에너지 제로(Energy Zero)의 약자이기도 하다. 방문객은 방문자 센터인 노원이지센터에서 전시물을 보거나 해설을 들을 수 있고, 게스트하우스에서 하룻밤 묵으면서 에너지제로주택을 체험할 수 있다.

노원에너지제로주택은 서울시와 노원구, 명지대학교 컨소시엄이 국토교통부와 국토교통과학기술진흥원의 지원으로

2017년 8월 완공했다. 이 주택은 순수하게 우리나라의 기술력과 국산 자재로 지어져 더 의미가 있다. 신혼부부와 노인들, 에너지 활동가 등 121세대가 2017년 11월 말에 입주하여 따뜻하고 포근한 보금자리를 꾸몄다. 주민 누구나 이용할 수 있는 마을 회관과 경로당, 다목적실, 어린이 놀이터 같은 공동 공간이 있고, 도서관 겸 북카페인 '가재울 지혜마루'도 이용할 수 있다.

"이곳에서 생활하는 사람들이 잘 알고 지켜야 할 것도 있어."

"그게 뭔데?"

달님이의 말에 태양이가 궁금하다는 표정을 지었다.

"벽에 작은 구멍이라도 생기면 에너지가 빠져나가는 통로가 될 수 있기 때문에 못 하나 박는 것도 매우 조심해야 해."

뿐만 아니라 스마트홈 시스템을 통해서 난방과 조명 등 집안의 모든 에너지 사용량을 종류별로 실시간 측정하기 때문에 에너지가 어디서 어떻게 낭비되고 있는지 바로 알 수 있고, 대기 전력 차단도 가능하다.

"이런 좋은 시스템을 입주자들이 적절히 잘 이용할 줄 알아야 에너지 절약 효과가 더 커질 수 있어."

"똑똑한 집을 잘 이용하려면 사람도 똑똑해져야 하는구나."

태양이가 말했다. 달님이는 이런 새로움에 익숙해져야 한다는

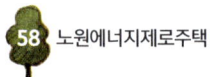

걸 부모님께 반복해서 들어서 잘 알고 있다.

"많은 에너지를 자체 생산한다고 해서 전기를 마음대로 써도 되는 게 아니야. 에너지 제로라는 목표를 달성하려면 평소에도 에너지를 절약하는 습관을 들여야 해."

## 미래 도시엔
## 모두 에너지제로 건물!

튼튼한 집에서 쾌적하게 살고 싶은 것은 모든 사람들의 꿈이다. 특히 사계절이 뚜렷하거나 겨울이 긴 추운 지방일수록 집은 더욱 중요한 공간이 된다. 추위를 견디는 것은 생존과 맞닿아 있기 때문이다. 이렇게 좋은 집에 대해 고민하는 사람들에게 패시브 하우스(Passive house)가 대안으로 떠올랐는데, 이집은 에너지 사용을 소극적으로 하는 집이라는 뜻이다.

에너지를 외부에서 적극적으로 끌어다 쓰는 것이 아니라 집안의 에너지가 밖으로 빠져나가는 것을 최대한 막아 에너지를 매우 적게 쓰기 때문에 소극적, 혹은 수동적(passive)인 집이라고 표현한다. 독일 주택을 기준으로 보면 패시브 하우스는 일반주택에서 사용하는 냉난방 에너지 총량의 10% 정도만 사용

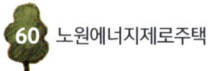

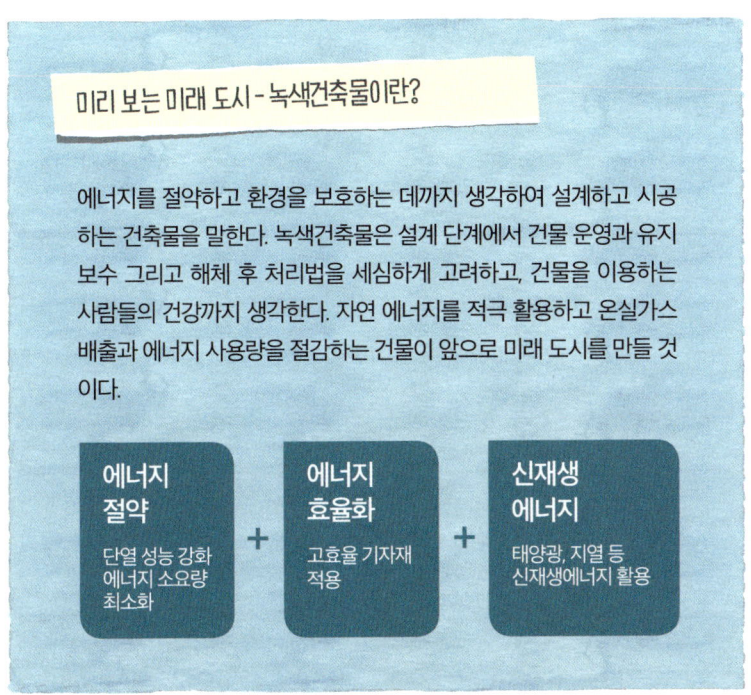

## 미리 보는 미래 도시 - 녹색건축물이란?

에너지를 절약하고 환경을 보호하는 데까지 생각하여 설계하고 시공하는 건축물을 말한다. 녹색건축물은 설계 단계에서 건물 운영과 유지 보수 그리고 해체 후 처리법을 세심하게 고려하고, 건물을 이용하는 사람들의 건강까지 생각한다. 자연 에너지를 적극 활용하고 온실가스 배출과 에너지 사용량을 절감하는 건물이 앞으로 미래 도시를 만들 것이다.

| 에너지 절약 | 에너지 효율화 | 신재생 에너지 |
|---|---|---|
| 단열 성능 강화 에너지 소요량 최소화 | 고효율 기자재 적용 | 태양광, 지열 등 신재생에너지 활용 |

해도 겨울에는 따뜻하고 여름에는 시원하다.

패시브 하우스는 1988년 독일의 볼프강 파이스트 박사와 스웨덴의 보 아담슨 교수의 아이디어에서 시작되었다. 이들의 연구는 독일의 헤센 주에서 지원했는데, 1990년 헤센 주에 있는 다름슈타트 시 크라니히슈타인 지역에 세계 최초의 패시브 하우스 에너지 성능을 갖춘 연립주택을 지었다. 그리고 오랫동안 집과 쾌적성에 대한 데이터를 수집해 이 집과 이런 건축방법이 사람이 살기에 적당한 곳인지를 연구했다. 그 후 유럽에서는 패시브 하우스가 에너지를 절약하는 건축 기법으로 널리 알려졌다.

이후 다양한 저에너지 건축물이 세계 곳곳에 지어졌다. 최근에는 단독 건물이나 공동주택을 저에너지 건축물로 짓는 것에 그치지 않고 도시 전체를 에너지 자급자족 도시로 세우려는 계획도 늘어나고 있다. 중국 동탄 에너지 자급자족 도시, 호주 애들레이드 탄소 제로 도시, 영국 노스토 탄소 제로 시범도시, 덴마크 롤란드섬 수소도시, 캐나다 빅토리아섬 선창가 그린 프로젝트, 아랍에미리트 아부다비에서도 세계 최대 규모의 탄소 제로 도시를 건설하고 있다.

우리나라 국토부도 공공 부문은 2020년, 민간 부문은 2025년부터 모든 신축 건축물을 제로에너지 건물로 지을 것을 추진하고 있다. 또, 2017년부터는 녹색건축물조성지원법에 따라 제로에너지 건축물 인증제를 시행하고 있다. 이 제도는 건축물 에너지 효율등급과 신재생에너지를 통한 에너지 자립도, 건물에너지관리시스템(BEMS) 설치 여부 등을 검토하여 건물에 등급을 메기고 인센티브를 준다. 이 등급을 보면 좋은 집인지 아닌지를 쉽게 구별할 수 있다.

이런 세계적 움직임은 기후변화와 에너지 문제가 그만큼 시급하기 때문이다. 기후변화의 원인이 되는 온실가스는 대개 도

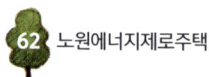

시에서 배출되고 있다. 도시는 지구 면적의 2%에 불과하지만 세계 온실가스 배출량의 80%를 차지한다. 특히 건물을 냉난 방하면서 많은 양의 온실가스를 내뿜고 있다.

"태양아, 서울시에 건물이 모두 몇 채인지 아니?"

"잠깐 검색해보면 알 수 있지."

달님이의 말에 태양이는 핸드폰을 꺼내서 서울시 건물의 수를 검색했다.

"서울의 건물은 2017년 11월 기준으로 2,866,845호나 된다고 나오네. 엄청 많구나."

"이 많은 건물이 지금보다 에너지 소비량을 대폭 줄이면 어떤 변화가 생길까?"

"만약 그렇게 된다면…. 그게 현실이 된다면…"

태양이가 뭔가를 생각하는 듯 머리를 긁적였다.

"기후변화와 에너지 문제도 쉽게 해결 방법을 찾을 수 있지 않을까?"

"온실가스를 내뿜지 않는 집이 지구를 지킨다? 와아, 멋진걸."

태양이와 달님이는 마주보며 활짝 웃었다.

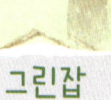

# 친환경 건축가

미래의 건축은 어떻게 달라질까? 기후변화가 심각해지고 변덕스러운 날씨가 계속될수록 사람을 보호하기 위한 건축이 중요하고 건축가의 역할 역시 중요해진다. 집안을 보다 시원하게, 따뜻하게 만들기 위해서는 많은 에너지가 필요하다. 그렇다면 건물을 지을 때부터 냉·난방과 조명, 급탕 등 에너지 사용을 줄일 수 있도록 설계하면 온실가스 배출도 그만큼 줄일 수 있지 않을까?

유럽연합에서는 건물의 에너지 증명서를 발급하고 있다. 건물의 에너지 사용량과 효율성, 냉난방과 전기 같은 부문별 사용량, 이산화탄소 발생량 등을 측정하여 기록해야 한다. 새 집으로 이사할 때는 이 증명서를 확인한 뒤 에너지 효율이 높은 주택을 선택하면 에너지 비용을 줄일 수 있다.

우리나라는 2025년부터 새로 짓는 건물은 모두 제로에너지주택으로 지어야 하는데, 그럼 건물의 용도와 위치, 필요한 에너지를 분석하여 설계하는 제로에너지 건축가가 해야 할 일이 많아진다. 이런 건물을 지을 수 있는 건축자재와 건축 기술도 충분해야 하고, 설계에 맞춰 시공할 수 있는 기술자와 회사도 필요하다.

주택뿐 아니라 공공건물, 상업건물 등 건물을 지을 때

필요한 구상과 설계도면 작성, 건축 과정에서 필요한 관리와 감독까지 건축가가 맡고 있다. 또, 도시기본계획, 단지계획, 국토종합개발계획 같은 대규모 도시 설계도 건축가의 몫이다.

건축가가 되려면 공과대학 또는 건축대학에 있는 건축학과에서 건축학을 전공해야 한다. 전공은 건축공학과(4년제)와 건축학과(5년제)가 있는데, 공학자 같은 엔지니어를 꿈꾸는 사람은 건축공학과를 가고, 건축가가 되려면 건축학과를 선택한다. 그러나 건축공학과를 졸업해도 건축가가 되는 길은 열려 있다.

대학 졸업 후 건축사 사무소에서 2년 이상 경력을 쌓으면 건축가 면허 시험을 볼 수 있는 자격이 생긴다. 그 후 건축사 시험에 응시하면 되는데, 대개 대학 졸업 후 건축사 사무소에서 일하면서 10년쯤 경력이 쌓이면 대부분 건축사 면허를 취득하게 된다고 한다.

건축가는 수학과 과학, 미술 같은 건축에 관한 전문지식뿐 아니라 철학과 심리, 문학적 감수성까지 다양한 자질이 필요하다. 사람이 사는 공간을 만드는 일이라 세심하게 고려해야 할 것이 많기 때문이다. 이렇게 공학과 인문학을 두루 섭렵하면 사람이 머물기에 보다 더 쾌적한 건축물을 설계할 수 있다. 특히 패시브 하우스와 제로에너지주택 같은 친환경 미래 건축을 짓는 건축가라면 에너지와 생태 등 환경에 대한 지식도 두루 갖추어야 한다. 또, 환경에 깊은 관심 있는 건축가는 나무와 흙, 돌 같은 친환경 재료를 이용해 집의 수명이 다했을 때 모든 건축 재료가 자연으로 그대로 돌아가게 짓는 생태건축을 지향한다.

## 함께하는 에너지 체험 활동

### 햇빛만 있으면 배터리 걱정 없는 태양광 휴대폰 충전기 만들기

핸드폰 배터리가 방전되어 곤란한 적이 있다면? 그러나 이제는 걱정 없다. 태양광 충전기만 있다면 햇빛이 비치는 어디에서나 핸드폰을 충전할 수 있다. 휴대하기 쉬운 핸드폰 충전기를 직접 만들어서 태양 에너지로 충전해보자.

☆ **준비물**

태양전지 모듈, 역류방지 다이오드, DC-DC컨버터(USB충전), 전선, 받침대, 납땜용 인두기, 양면 테이프, 전기 테이프, 전선 피복 탈피기, 니퍼, 철판 가위, 사포, 커터칼

☆ **제작 방법**

**1** 모서리 다듬기

태양전지 모듈의 날카로운 모서리를 철판 가위로 자르고 사포로 둥글게 다듬어준다.

**2** 컨버터와 역류방지 다이오드 연결

- 전선을 적당한 길이로 잘라 +, -극의 전선을 갈라 양 끝 피복을 벗겨낸다.

(흰선이 있는 줄이 +극, 검은 줄이 -극)

- 전선을 컨버터에 각각 +, -극의 구멍에 연결해준 뒤 납땜을 한다.

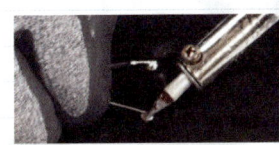

- 이제 컨버터를 태양전지판에 연결한다. 컨버터와 연결된 +극에는 역류방지 다이오드를 연결하여 태양전지판에 납땜해준다. (역류방지 다이오드의 방향은 사진처럼 회색 띠 부분이 컨버터의 방향을 향해 있어야 한다. 방향이 바뀌면 작동이 안 된다.)

- 납땜을 해준다.
- 컨버터와 태양전지의 납땜 부분에 전기 테이프를 감아준다. 그 후 컨버터를 태양전지에 접착하기 위해 양면 테이프나 글루건으로 컨버터 뒷면에 붙여준다. (컨버터의 경우 가운데 부분에 약간의 여유를 남겨주고 전기테이프를 감아주어야 충전 확인등에 불이 들어오는 것을 확인할 수 있다.)

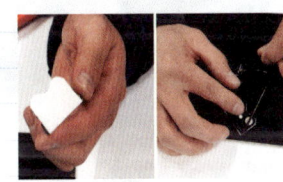

### 3 받침대 연결

받침대의 뒷면에도 양면테이프를 오려 붙이거나 글루건을 이용하여, 태양전지판 뒷면 중앙 상단부에 사진과 같이 붙여준다.

### 4 완성

야외 활동을 할 때나 일상생활에서도 태양광 휴대폰 충전기로 편리하게 충전할 수 있다.

참고 사이트 : 에너지수퍼마켓 www.e-super.co.kr

함께하는 생각거리

**STEP 1.** 본문을 읽은 후 짝꿍과 함께 떠오르는 단어들을 중심으로 비주얼 씽킹맵을 그려보자. 그리고 이것을 보면서, 글의 주제를 간략하게 설명해보자.

예)열회수형 환기 장치, 기밀, 외부 전동 블라인드, 생태 면적률, 에너지 자급자족, 이지 하우스, 스마트홈 시스템, 패시브 하우스, 녹색건축물

**STEP 2.** 내가 생각하는 좋은 집은 어떤 모습인가?

**STEP 3.** 에너지제로주택에서 '제로'라는 이름이 붙은 까닭은 무엇인가?

**STEP 4.** 에너지제로주택에 사는 사람들은 똑똑한 집을 잘 이용하기 위해 어떤 노력들을 해야 할까?

예)벽에 작은 구멍이라도 생기면 에너지가 빠져나갈 수 있기 때문에 못 하나 박는 것도 조심한다.

**찾아가는 길**    **서울에너지드림센터** _

서울특별시 마포구 증산로 14 (02-3151-0562)

월드컵경기장역 1번 출구에서 서울월드컵경기장 맞은편 주차장을 가로지른 다음, 난지 연못
오른편에 있는 별자리광장을 지나면 서울에너지드림센터에 도착한다.

## 서울에너지드림센터

# 제로에너지빌딩의 비밀을
# 찾아라!

★★★★★★★

날개를 펼친 건물?
제로에너지빌딩 뜯어보기
에너지와 기후변화의 모든 것
에너지와 쓰레기가 만나는 월드컵공원
기후변화 시대의 건축

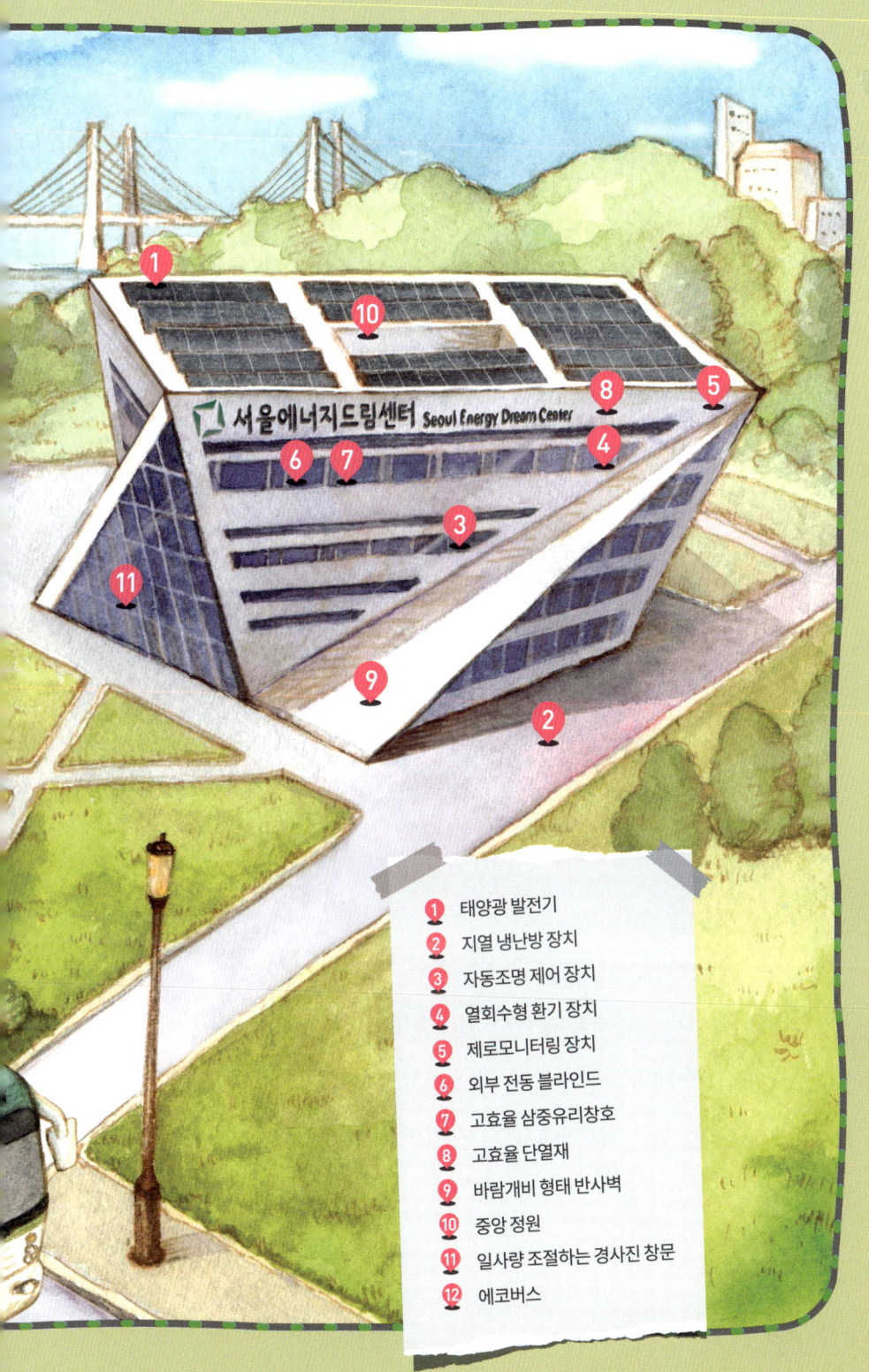

1 태양광 발전기
2 지열 냉난방 장치
3 자동조명 제어 장치
4 열회수형 환기 장치
5 제로모니터링 장치
6 외부 전동 블라인드
7 고효율 삼중유리창호
8 고효율 단열재
9 바람개비 형태 반사벽
10 중앙 정원
11 일사량 조절하는 경사진 창문
12 에코버스

# 날개를 펼친 건물?

"와아, 내가 좋아하는 월드컵경기장이다!"

달님이는 서울월드컵경기장이 보이자 신이 난 듯 폴짝폴짝 뛰었다. 축구선수로 활동하는 삼촌 덕분에 축구를 좋아하는 달님이는 삼촌의 경기가 열릴 때마다 월드컵경기장을 찾아왔다. 축구 경기도 보고 월드컵공원도 산책할 수 있어서 달님이는 이곳을 참 좋아한다.

"흥! 난 별로야. 공원이나 걸어야겠어."

사실 태양이도 축구를 좋아하지만 유명한 축구선수 삼촌이 있는 달님이가 너무 부러워서 괜히 별로라고 했다. 태양이는 토라진 척 월드컵공원 안을 빠르게 걸어갔다.

"태양아, 같이 가."

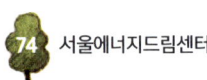

달님이가 태양이의 뒤를 쫓아갔다. 혼자서 걸어가던 태양이가 갑자기 걸음을 멈췄다.

"앗, 수상한 건물이다!"

"그러게. 참 신기하고도 독특하게 생겼어."

두 사람은 공원의 한적한 곳에 서 있는 수상한 건물 앞에서 멈춰 섰다. 거대한 조각상 같기도 하고 바람개비를 닮은 것 같기도 한 하얀 건물은 그냥 지나칠 수 없을 만큼 독특한 외관이 돋보였다. 우리가 흔히 보던 네모난 건물이 아니라 마치 날개를 펼친 것처럼 위로 갈수록 건물의 면적이 넓어졌다.

"서울에너지드림센터? 에너지와 꿈? 뭔가 수상한데….."

"어서 오세요. 여기는 서울에너지드림센터입니다."

"아이고, 깜짝이야!"

달님이와 태양이가 호기심 가득한 표정으로 건물을 올려다보고 있는데, 출입문이 스르륵 자동으로 열렸다. 그리고 해설을 해주는 에너지 강사가 반갑게 맞이해주었다.

"우와, 선생님이 계시네?"

"서울에너지드림센터는 어떤 건물이에요?"

"자, 이제부터 저와 함께 에너지 여행을 떠나볼까요?"

# 제로에너지빌딩 뜯어보기

서울에너지드림센터는 자연 에너지를 잘 이용할 수 있게 지은 최첨단 건물이다. 자연이란 바로 햇빛이다. 겨울의 햇빛은 따뜻하지만 여름날은 매우 따갑다. 이런 햇빛을 조절하기 위해 창문 바깥에 달려 있는 **전동 블라인드**가 자동으로 움직인다. 햇빛이 강할 때는 블라인드가 자동으로 내려와 빛을 막아준다. 또, 햇빛의 움직임에 따라 실내의 밝기가 달라지면 조명은 자동으로 조절되어 에너지를 절약한다.

건물 가운데에는 네모난 모양으로 뚫려 있는 **중앙 정원**이 있는데, 이곳이 뚫려 있어 건물은 미음(ㅁ) 자 모양으로 생겼다. 이곳으로 햇볕이 골고루 들어오기 때문에 낮 시간에는 전등을 켜지 않아도 실내가 밝다. 건물의 모양이 바람개비처럼 독특

에너지드림센터는 2012년 12월 우리나라 최초로 지어진 에너지 자립형 공공건물이자 제로에너지빌딩이다. 첨단공법을 이용하여 건물에서 사용하는 에너지의 70%를 줄이고, 태양과 지열 같은 신재생에너지를 통해서 건물에 필요한 에너지의 30%를 직접 만든다.

하게 생긴 것도 햇빛을 조절하기 위한 것이다. 마치 바람개비의 날개를 닮은 것 같이 비스듬한 반사벽은 직사광선을 60% 이상 반사하여 여름날 실내를 시원하고 밝게 만들어준다. 건물의 모양이 위로 갈수록 넓어지는 독특한 디자인과 경사진 창문은 더운 여름날 햇빛은 적게, 추운 겨울날에는 햇빛이 실내로 최대한 많이 들어오게 설계한 것이다.

실내의 냉방과 난방은 건물 아래에 있는 지열을 이용한다. 땅속의 일정한 온도가 겨울엔 따뜻하게, 여름엔 실내를 시원하게 만들어주고 있다. 또, 추운 겨울을 따뜻하게 지내기 위해서는 건물 벽을 매우 두껍고 튼튼하게 지었다. 건물 벽에 고효율 단열재를 넣어 바깥의 찬 공기가 들어와 실내 온도가 낮아지는 것을 막아준다. 창문엔 삼중유리창호를 달아서 건물 안의 온기가 창문을 통해서 바깥으로 빠져 나가는 것을 완벽하게 막았다.

여기서 중요한 사실! 이곳에서는 일부러 창문을 열고 닫을 필요가 없다. 건물의 공기를 자동으로 환기시켜 탁한 실내 공기는 바깥으로 내보내고, 바깥의 맑은 공기를 실내에 공급하는 열회수형 환기 장치가 작동하기 때문이다. 이 시스템 덕분에 추운 날 창문을 열어 따뜻한 공기가 빠져나가는 것을 막을 수 있고, 환기가 잘 되지 않아 실내가 답답해지는 일도 없다.

이런 열회수환기 시스템과 자동조명 제어 장치, 지열 냉난방 장치 시스템 같은 최첨단 자동시스템을 움직이려면 전기가 필요한데, 이 전기의 비밀은 바로 옥상에 있다. 건물 옥상에 있는 태양광 패널 624개와 지상에 있는 태양 전지판 240개가 연간 전기 34만 7천kWh를 생산하는데, 이것은 90가구가 1년 동안 소비하는 전기량과 같은 엄청난 양이다. 전기를 많이 생산하면 한국전력에 판매하고 날이 흐려서 생산량이 적으면 한국전력에서 끌어온 전기를 사용한다. 또, 에너지를 생산하고 소비하는 양을 실시간으로 관찰하고 기록하는 제로모니터링 장치도 갖추고 있다.

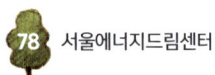

## 에너지와 기후변화의 모든 것

"와아, 전기버스다!"

달님이와 태양이는 전기버스를 타고 떠나는 에코투어에 참여했다. 이 프로그램은 서울에너지드림센터의 여러 교육 프로그램 중에서 가장 인기가 높다. 서울에너지드림센터에서 에너지에 대한 해설을 듣고 전기버스를 타고 출발하여 생활 쓰레기를 처리하는 마포자원회수시설에서 쓰레기 문제에 대해 생각해보고, 수소 스테이션에서 수소연료에 대해서도 배운다. 월드컵공원에 있는 다양한 시설을 한꺼번에 만날 수 있고, 전문 해설도 들을 수 있어서 에코투어는 언제나 인기만점이다.

"달님아, 서울에너지드림센터는 어떤 일을 하는 곳이야?"

전기버스 안에서 바깥 풍경을 물끄러미 보던 태양이가 물었다.

"엥? 에너지 강사님이 설명할 때 뭘 들었니?"

"뭐라고 했지? 건물 구경하느라 정신이 없어서 말야."

"에너지와 기후변화를 알려주는 전문 전시관이라고 했잖아."

서울에너지드림센터는 에너지와 기후변화 문제를 다양한 전시물과 체험 프로그램으로 알려주는 전문 전시관이자 교육시설이다. 1층 에너지드림관에서는 에너지의 역사와 제로에너지빌딩에 대한 안내, 블랙아웃 체험관, 다양한 시민 참여형 전시를 여는 드림갤러리가 있다. 2층 서울기후변화배움터에서는 지구촌에서 일어나고 있는 기후변화와 지구공동체의 노력, 서울시의 다양한 노력, 기후변화와 연관된 미래 직업까지 어린이들이 쉽게 이해할 수 있는 흥미로운 전시를 하고 있다.

이런 상설전시와 함께 체험 프로그램도 열고 있다. 기후변화를 이해하는 그림자극과 인형극, 에너지 절약 프로그램과 태양광 자동차를 만드는 재생에너지교실, 직업 체험 친환경 건축가 등 다양한 체험 프로그램이 있다. 화창한 날이면 태양열 조리기에 달걀을 삶고 떡볶이와 피자, 토스트를 만들어 먹는 태양열 요리교실도 연다.

건물을 구석구석 보면서 건축원리를 이해하는 제로에너지건축 투어도 있고, 제로에너지를 연구하는 연구자와 기술자, 사업가들이 친환경 건축에 대해 토론하는 포럼도 연다.

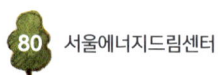

## 서울에너지드림센터의 이모저모

### 1층 블랙아웃 체험관

정전이 되었을 때 발생할 수 있는 상황을
경험해보고 정전 대처법을 생각해보는 공간

### 1층 에너지의 역사

시대별 에너지의 역사를 그래픽으로
설명한 전시

### 2층 서울기후변화배움터

기후변화에 대한 청소년들의 관심을
높여 생활방식을 변화시키고 녹색미래의
비전을 제시하는 특별 전시관

### 1층 에너지제로하우스

학생들을 위한 학습 코너로,
재미있는 스토리에 맞춰 문제가 나오고
정답을 확인할 수 있는 터치스크린

실제 가전제품의 대기전력을 확인할 수 있는 공간.
대기 전력을 직접 숫자로 확인해보면 집에서
사용하는 가전제품의 플러그도 다시 보게 된다.

### 친환경 전기버스인
### 에코버스로 떠나는 에코투어

## 서울에너지드림센터 생생하게 체험하기

### 1. 전시장 관람 및 해설 신청하기

**1ZONE 에너지 패러다임** 에너지 이용에 따른 인류의 변화를 살펴보고 신재생에너지 시설을 직접 체험하고 에너지 고갈로 인한 전 세계적인 에너지 위기를 인식한다.

**2ZONE 에너지 드림** 국내 최초 에너지 자립형 건축물인 서울에너지드림센터의 곳곳에 적용된 핵심 기술을 체험하고 실제로 구현되고 있는 제로에너지를 확인한다.

**3ZONE 에너지 드림시티** 암흑세상을 통해 에너지 절약의 필요성을 직접 느껴본다. 나만의 제로하우스를 만들어보고 에너지 정책에 시민이 함께 참여하고 공유하며 소통하는 공간이다.

### 2. 체험 프로그램 경험하기

**에코투어** 전시관 해설을 들은 후 미래의 친환경 버스와 맹꽁이 전기차를 타고 신재생에너지시설(수소스테이션, 하늘공원, 마포자원회수시설 등)을 견학하는 프로그램

**직업 체험 친환경 건축가** 중고등학생들이 단체로 참가할 수 있는 직업 체험 프로그램으로, 변화하는 기후, 환경, 에너지 문제를 인식하고, 이론과 만들기를 통하여 친환경 건축가의 꿈을 키워본다.

**36초록 테이블** 환경 및 생태를 배경으로 학생들의 자발적인 토론을 유도하는 중고등학생 대상 환경 토론 프로그램

**청소년 건축캠프** 대학생 멘토와 함께 진로에 대해 함께 고민하고 함께 만들어보는 청소년 건축캠프

**태양열 요리교실** 가스와 전기 없이 쉐플러 조리기를 이용해 태양열로 요리를 하면서 대안 에너지를 체험하는 프로그램

※ 홈페이지에서는 해설과 더 많은 체험 프로그램을 신청할 수 있다.

www.seouledc.or.kr

## 에너지와 쓰레기가 만나는 월드컵공원

"태양아, 어디서 냄새 나는 것 같지 않니?"

"아니, 무슨 냄새? 오늘 잘 씻고 왔는데…."

냄새난다는 달님이의 말에 태양이는 자신의 몸에서 나는 냄새 인가 싶어 이리저리 살펴보았다.

"여기가 예전엔 쓰레기장이었대."

"엥, 뭐라구? 쓰레기장?"

태양이는 주변을 둘러보았다. 푸릇푸릇한 나무와 풀이 자라고 잘 가꾸어진 공원일 뿐 쓰레기는 보이질 않았다.

"저기 높이 솟아오른 하늘공원이 바로 서울 사람들이 버린 쓰 레기가 쌓여 산이 된 거래."

"헐, 쓰레기가 산이 될 정도로 많았단 말야?"

깜짝 놀란 태양이는 두 눈을 동그랗게 뜨고 하늘공원을 바라보았다.

서울에너지드림센터가 자리잡고 있는 월드컵공원은 아주 특별한 곳이다. 예전 이곳은 난지도라는 섬이 있었는데, 한강에서 갈라진 난지 샛강이 행주산성 쪽으로 에돌면서 자연스럽게 만들어진 작은 섬이었다(272만㎡).

1978년 서울 시민들이 만들어낸 쓰레기를 처리하는 폐기물 처리시설로 난지도가 결정되면서 아름다운 섬은 점점 사라졌다. 1978년부터 1993년까지 15년 동안 서울 사람들이 버린 쓰레기가 무려 9,200만 톤이나 쌓이면서 해발 100m 가까이 되는 거대한 쓰레기산 두 개가 솟아올랐다. 그 후 이곳에 흙을 덮고 땅을 다진 뒤 나무와 풀, 억새 등을 심어 환경생태공원으로 말끔하게 단장했다. 거대한 쓰레기산 두 곳은 지금의 하늘공원과

노을공원으로 변신했고, 평화의 공원과 난지천공원, 난지한강공원까지 5개 테마공원으로 조성되어 있다.

숲이 무성해지자 황조롱이와 말똥가리, 솔부엉이 같은 다양한 새들이 찾아오고, 족제비와 두꺼비, 맹꽁이 같은 야생동물도 찾아왔다. 쓰레기 더미에서 흘러나오는 침출수는 하수처리장에서 정화 처리를 하여 한강으로 흘려보내고, 매립가스는 월드컵경기장과 인근 아파트의 보일러 연료로 활용하고 있다.

이곳에 서울에너지드림센터가 들어선 것은 매우 큰 의미가 있다. 우리가 사용하는 물건을 만들려면 에너지가 필요하고, 전국 곳곳에 물건을 운반하는 일에도 에너지가 필요하다. 또, 오래되고 낡은 물건을 버리면 쓰레기가 되고, 이 쓰레기를 처리하는 일에도 에너지가 필요하다. 자원회수시설에서 쓰레기를 태우면 열이 나오는데, 이 열은 인근 건물의 난방에 이용하고

쓰레기 섬에서 시민들의 쉼터로 바뀐 월드컵공원

있다. 이처럼 에너지와 쓰레기 문제는 서로 연결되어 깊은 영향을 미치고 있다.

"달님아, 서울에 있는 건물이 모두 몇 채라고 했더라?"

"앗! 저번에 조사했었는데…. 200만 호가 넘었었지?"

"그 많은 건물이 모두 제로에너지빌딩이 되어 에너지를 절약하고 생산도 하면 어떻게 될까?"

달님이가 진지한 표정으로 말했다.

"지금보다 에너지를 엄청나게 줄일 수 있겠지. 그게 바로 에너지 혁명이지 않을까?"

"우리 학교부터 제로에너지빌딩이 되면 좋겠다. 그러면 공부가 저절로 될 거 같아."

태양이가 달님이를 바라보며 장난스런 표정을 지었다.

"정말 그랬으면 좋겠다. 하하하."

"이제 또 다른 곳으로 에너지 탐험을 떠나볼까?"

# 기후변화 시대의 건축

2018년 여름은 혹독하게 더웠다. 강원도 홍천의 최고 기온이 41도까지 올랐고, 춘천과 의성, 양평, 충주 등 전국 곳곳이 40도를 넘으면서, 1907년 기상 관측을 시작한 이후 111년만에 가장 높은 온도를 기록했다. 특히 빼곡한 건물과 많은 인구가 밀집해 있는 서울은 아스팔트와 콘크리트로 덮여 있어 체감온도가 더욱 높았다. 지구촌 곳곳이 폭염 때문에 부글부글 끓었다. 기후변화의 피해는 여름 폭염뿐 아니라 땅이 쩍쩍 갈라지고 농작물을 죽게 만드는 가뭄과, 집과 들판이 침수되는 폭우도 잦아지면서 예측이 불가능해 큰 피해를 남기곤 한다.

이런 기후변화로 인한 문제를 해결하기 위해 전 세계 국가들이 함께 노력을 하고 있다. 2015년 12월 12일 프랑스 파리에서 195개 국가 정상들이 모여 전 세계 온실가스 감축을 위해 파리기후변화협약을 맺었다. 산업화 이전 시기 대비 지구 기온 상승폭(2100년 기준)을 2℃보다 훨씬 낮은 수준으로 유지하겠다는 목표를 정하고, 각 국가는 그 나라의 실정에 맞는 온실가스 감축 방안을 세워 5년마다 목표를 조금씩 높여 제출하기로 약속했다.

서울시는 2012년 4월부터 원전하나줄이기 정책을 추진하고 있다. 에너지 위기와 기후변화에 대응하기 위해 시민들이 함께 에너지를 절약하고 신재생에너지를 생산하여 원자력발전소 1기에서 생산하는 200만 TOE만큼의 에너지를 줄이자는 것이다. 서울시는 2017년까지 이미 230만 TOE를 달성했고, 2020년까지 400만 TOE를 목표로 다양한 사업을 진행하고 있다.

서울시는 주택에 단열 공사를 하고 조명은 전기를 덜 써도 더 밝은 LED로 교체하며 미니 태양광을 설치하는 등 에너지 효율을 높이고 에너지를 생산하는 시민들을 적극 지원했다. 에코마일리지 제도를 통해 에너지 절약 성과가 큰 곳에는 혜택을 주었다. 또, 주택과 학교, 공원 시설물, 공공건물과 부지 등 곳곳에 태양광 패널을 보급하고 태양광 산업도 발전시킬 수 있도록 '태양의 도시 서울' 사업도 다양하게 추진하고 있다.

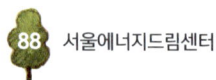

# 함께 둘러보면 더 좋은 곳들

## 마포문화비축기지

⧗ http://parks.seoul.go.kr

상암동 월드컵경기장 맞은편 매봉산 자락에는 1978년에 지은 석유 비축기지가 있었다. 1973년 석유 가격이 급등한 석유파동 이후 비상시에 사용할 석유 6,907만 리터(ℓ)를 보관하던 곳이다. 이곳은 시민들의 접근이 통제되었고, 2002년 월드컵경기장을 건설하면서 폐쇄했다. 이후 10여 년 이상 비어 있던 이곳을 서울시가 시민들의 아이디어를 모아 건물마다 개성이 넘치는 친환경 복합문화공간으로 새롭게 꾸며 지금은 많은 시민들이 즐겨 찾는 명소가 되고 있다.

## 마포자원회수시설

⧗ http://rrf.seoul.go.kr

우리 집에서 배출한 생활 쓰레기는 어떻게 처리될까? 수거된 생활쓰레기들은 자원회수시설에서 태운다. 이곳에서는 어마어마한 쓰레기를 한눈에 볼 수 있고, 활용 가능한 자원은 어떻게 재활용되고 있는지 알 수 있다. 전시관에서는 쓰레기 처리의 역사를 배울 수 있다. 서울에는 강남, 노원, 양천, 마포 4곳에 자원회수시설이 있어, 미리 견학 신청을 하면 해설을 들을 수 있다.

# 제로에너지빌딩에는 누가 활동할까?

서울에너지드림센터에는 다양한 직업인들이 곳곳에서 부지런히 활동하고 있다. 에너지 전시관을 보려고 찾아갔을 때 우리를 반갑게 맞이해 주는 사람은 에너지 강사이다. 해박한 지식과 친절한 설명으로 에너지와 기후변화에 대한 전문 해설을 해주고 체험 프로그램도 진행하고 있다. 에너지 강사는 에너지나 환경 교육에 대한 전문 공부를 했거나 교육 경험이 있는 분들이다. 이 에너지 강사들이 프로그램을 진행할 수 있도록 다양한 교육 프로그램을 개발하고 연구하고, 에너지 강사도 길러내는 교육 프로그램 개발자도 있다. 제로에너지빌딩을 연구하는 건축 전문가도 활동하고 있다. 일반 건물과는 매우 다른 시스템으로 이루어진 제로에너지빌딩은 실내 온도와 조명의 밝기, 신재생에너지 생산 등 다양한 기록을 측정하고 연구하는 일을 한다. 건축공학을 전공한 제로에너지 연구원이 제로에너지빌딩에 대한 연구 사업을 하고, 기획 전시와 건축 관련 세미나와 포럼 등을 진행하고 있다. 제로에너지빌딩의 관리를 맡은 시설 관리자도 있다. 전기와 냉동기 관련 자격증을 가진 전문가가 제로에너지빌딩의 다양한 시스템을 관리와 보수하면서 건물을 가장 쾌적한 상태로 만들어준다.

서울에너지드림센터
Seoul Energy Dream Center

**디자이너**는 에너지와 환경에 대한 기획 전시와 홍보물 제작, 홈페이지 디자인, 기념품 제작 등 홍보에 필요한 다양한 디자인을 담당하고, **홍보 전문가**는 서울에너지드림센터의 활동과 프로그램을 시민들이 쉽게 알 수 있도록 널리 알리는 일을 하고 있다.

월드컵공원 곳곳을 누비는 **에코버스 기사**는 전기버스와 수소버스를 운전하면서 안전하게 에코투어를 즐길 수 있는 길잡이가 되어주고 있다. 전시관 입구에서 방문객을 친절하게 안내하고, 다양한 행사를 맡아 바지런하게 뛰고 있는 많은 **자원봉사자**들도 있다. 서울에너지드림센터에서 활동하는 모든 이들이 제자리에서 제 몫을 할 수 있도록 지휘하고 총괄하는 **센터장**과 회계 등 살림살이를 맡은 **관리자**도 있다.

이렇게 다양한 직업을 가진 사람들이 한 공간에서 바쁘게 움직이면서 서울에너지드림센터를 움직이고 있다. 이곳에서 활동하려면 에너지와 기후변화 같은 환경에 대해 관심을 가지고 전문적인 공부를 해야 한다. 대학에서 관련 공부를 했거나 환경단체 같은 곳에서 활동한 경험도 도움이 된다. 건축이나 전기, 디자인 능력 같은 전문지식이나 기술을 가진 사람도 활동할 수 있다. 무엇보다도 서울에너지드림센터는 1년에 10만 명 가까운 사람들이 즐겨 찾는 곳이라 사람들을 반기고 좋아하는 마음이 있어야 한다.

## 함께하는 에너지 체험 활동

### 불 없어도 요리가 뚝딱! 태양열 조리기 만들기

태양열 조리기란!
나무나 석유, 가스 등을 사용하지 않고 100% 태양열만으로 음식을 익히는 조리기구. 태양열 조리기는 다양한 방법으로 만들 수 있는데, 재활용 재료와 주변에서 쉽게 구할 수 있는 재료로 충분히 만들 수 있다.

#### ☆ 준비물

종이 상자, 스티로폼 상자, 유리, 알루미늄 호일, 알루미늄 호일을 집광판에 붙일 풀, 집광판과 스티로폼 상자 등을 고정하는 테이프

#### ☆ 제작 방법

**1** 스티로폼 박스의 뚜껑 가운데를 잘라서 유리를 붙이고 테이프로 봉한다. 유리는 태양의 빛은 통과시키지만 열은 나가지 못하게 막아서 스티로폼 박스 안에 온실효과를 일으킨다. 열이 모이면 온도가 100~150℃까지 올라간다.

**2** 종이 박스를 잘라서 스티로폼 박스 안에 햇빛을 모을 집광판을 만든다. 집광판은 윗변은 길고 아랫변은 짧은 사다리꼴 모양으로, 아래쪽 양 끝 각도는 113°, 위쪽 양 끝 각도는 67°로 한다. 이 각도여야 햇빛이 스티로폼 박스 안에서 한 점에 모인다. 사다리꼴의 높이는 최소 51cm로 한다. 집광판

의 크기가 클수록 햇빛을 많이 받을 수 있어서 효율이 좋아진다. 스티로폼 박스의 밑면이 4각형이면 집광판도 4개 만든다. 박스의 밑면이 6각형이나 8각형이면 집광판도 6개나 8개 만들어야 하는데, 집광판의 개수가 늘어나면 효율이 좋아진다.

**3** 집광판에 알루미늄 호일을 붙인다. 알루미늄 호일은 거울처럼 햇빛을 반사시키는 역할을 하기 때문에 반짝이는 부분이 보이도록 붙인다. 집광판을 모두 연결하여 스티로폼 박스에 붙이면 태양열 조리기 완성!

✖ 태양열 조리기로 고기, 달걀, 빵, 채소 등 대부분의 식재료를 익힐 수 있다. 물론 밥을 짓는 것도 가능한데 태양열을 모아야 하므로 조리시간은 가스레인지를 사용할 때보다 오래 걸린다. 여름에는 1시간~1시간 30분 정도 걸린다.

✖ 날씨에 따라 햇빛의 세기와 온도가 달라지므로 조리 시간도 달라진다. 흐린 날에는 달걀을 익히는 데에만 6시간이 걸리기도 한다. 이럴 땐 복사열을 활용할 수 있도록 검은색 냄비를 사용하면 더욱 효과적!

✖ 국제구호기구에서는 종이 박스로 만든 태양열 조리기를 구호물품으로 지급하고 있다. 아프리카와 아시아 등지에서 에너지 부족으로 고생하는 사람들에게 매우 유용한 도구이다. 특히 햇빛이 강한 아프리카는 조리시간이 1시간도 걸리지 않아서 하루 세끼를 충분히 준비할 수 있다.

**STEP 1.** 본문을 읽은 후 짝꿍과 함께 떠오르는 단어들을 중심으로 비주얼 씽킹맵을 그려보자. 그리고 이것을 보면서, 글의 주제를 간략하게 설명해보자.

예)반사벽, 고효율 단열재, 자동조명 제어 장치, 제로모니터링 장치, 전기버스, 블랙아웃 체험관, 쓰레기산, 환경생태공원, 자원회수시설, 파리기후변화협약, 원전하나줄이기 정책

**STEP 2.** 서울에너지드림센터에 숨어 있는 건축 아이디어에는 어떤 것들이 있는가?

**STEP 3.** 청소년 에너지 전문가가 되어 서울에너지드림센터에 새로운 청소년 체험 공간을 만든다면 어떻게 만들 것인지 생각해 보자.

STEP 4. 비주얼 씽킹맵을 이용하여 이 센터의 홍보물을 직접 만들어 보자.

**찾아가는 길**

**전경련회관(전국경제인연합회)** _ 서울특별시 영등포구 여의도동 여의대로 24
여의도역 1번 출구에서 나와 여의대로 2길을 쭉 걸으면 전국경제인연합회 건물이 등장한다.

**서울시청(신청사)** _ 서울특별시 중구 명동 세종대로 110
시청역 5번 출구에서 나오면 서울시청에 바로 도착할 수 있다.

착한 가게

# 어서 오세요,
# 여기는 에너지 절약
# 가게입니다!

★ ★ ★ ★ ★ ★ ★

일회용품이 사라진 가게
에너지를 아끼는 가게
에너지를 생산하는 빌딩

1 에코스쿨(초록학교)
2 그린인테리어 가게
3 적정기술센터
4 태양광 애프터서비스센터
5 녹색교육센터
6 에너지협동조합
7 동네에너지슈퍼마켙
8 착한 가게
9 에너지 고효율 빌딩
10 친환경 교통

## 일회용품이 사라진 가게

"아, 목말라. 다리도 아파."

뙤약볕 속을 걷던 태양이와 달님이는 더위에 지쳤다. 갈증이 나서 시원한 물이 간절했다. 태양이가 눈에 띄는 카페에 들어가 음료를 주문했다.

"일회용 컵에 음료수랑 얼음 가득 담아서 주세요. 걸어 다니면서 마실 거예요."

태양이는 뚜껑이 닫힌 일회용 컵에 플라스틱 빨대를 꽂아 걸어 다니면서 음료를 마시고 싶었다. 에너지 탐험을 계속해야하니까.

"손님, 우리 가게는 일회용 컵을 사용하지 않아요. 혹시 가져온 컵이 있다면 담아드릴까요?"

카페 주인이 상냥하게 말했다.

"앗, 그래요? 그럼 어쩌지?"

태양이가 순간 당황해하자 달님이가 부드럽게 끼어들었다.

"태양아, 일회용품도 에너지와 상관있어."

"일회용품도 에너지라구? 어떻게?"

"그럼, 이 카페에 앉아서 이야기를 좀 더 들어볼래?"

달님이가 태양이의 손을 이끌어 카페의 의자에 앉게 했다. 달님이와 태양이가 찾아간 카페 '보틀팩토리'는 일회용 컵을 쓰지 않는다. 이곳에서는 플라스틱 대신 유리컵을 사용하고, 원하는 손님에게는 스테인리스로 만든 다회용 빨대를 준다. 자신의 컵을 들고 오는 손님에게는 음료값을 할인해주고, 컵을 직접 씻어서 사용할 수 있는 싱크대도 있다. 그렇다면 태양이처럼 빈손으로 와서 음료를 가게 밖으로 가지고 가려는 손님은 어떻게 해야 할까? 이때는 카페에서 특별히 제작한 테이크아웃용 유리컵에 음료를 담아준다. 뜨거운 컵을 잡을 때 필요한 컵홀더를 쓰지 않기 위해 컵을 이중으로 만들어 차갑거나 뜨거운 컵을 맨손으로 잡아도 문제없다.

2018년 9월 중순 보틀팩토리는 카

보틀팩토리

페 6곳(대루커피, 이리카페, 무대륙, 롯지190, 커피감각, 라운지)과 함께 '일회용품 없는 일주일 페스티벌'을 열었다. 영화 상영과 북토크, 강연 같은 환경 행사를 열었는데, 사람들이 몰려드는 이 기간에도 유리컵이나 도자기컵 등으로 손님을 맞이했다. 테이크아웃을 원하는 손님에게는 보증금을 받고 텀블러에 음료를 담아주었다. 텀블러는 이 행사를 지지하는 많은 분들이 600여 개나 기증해 주었고, 이것을 깨끗하게

더피커

씻고 살균 처리까지 해서 다시 사용했다. 이동하면서 음료를 마신 손님은 카페 7곳 중 가까운 곳에 컵을 반납하면 끝! 물론 행사가 끝난 뒤에도 좋은 변화가 이어지기를 기대하면서 시도한 행사다.

또 다른 방법으로 일회용 쓰레기를 만들지 않는 가게도 있다. 서울시 성동구 성수동에 있는 더피커는 곡물과 채소를 파는 식료품점이자 간편한 식음료를 판매하는 식당이다. 백미, 현미, 찰흑미, 서리태 같은 20여 가지 곡물은 벽에 매달린 원통형

## 플라스틱 프리 도시, 서울

2018년 9월 서울시는 '플라스틱 프리도시'를 선언했다. '안 만들고(생산), 안 주고(유통), 안 쓰는(소비) 문화를 만들려는 것이다. 공원과 한강, 장터, 축제 등 서울시와 구청에서 여는 행사와 공공장소에서 사용하는 일회용품을 줄이기로 했다. 공공시설에 입점한 음식점과 신규 계약을 할 때는 일회용품 사용 억제 관련 내용을 포함시키고, 시립병원 장례식장 두 곳에서도 일회용품을 안 쓰는 장례식장을 만들기로 했다. 2019년부터는 페트병에 담아서 유통되는 아리수를 재난구호용으로만 생산하고, 행사장에서는 이동식 음수대와 대형 물통을 마련하기로 했다. 이렇게 하여 2022년까지 서울시내 전체의 일회용 플라스틱 사용량의 50%를 줄이고 재활용률은 70%로 높이는 것이 목표이다.

디스펜서와 유리병에 담아 진열하고, 유기농 채소와 과일은 실온 상태로 바구니에 담아 두었다. 이 가게에서 판매하는 모든 먹을거리는 포장을 하지 않은 상태로 진열하고 있다. 손님이 원하는 만큼 직접 담는 방식이기 때문이다. 그래서 더피커에 먹을거리를 사러갈 때는 장바구니와 빈 그릇을 꼭 챙겨가야 한다. 자신이 가져온 그릇이나 장바구니에 먹을거리를 필요한 만큼 담으면 무게 단위로 계산해준다. 그럼, 집으로 돌아가자마자 짧은 시간 임무를 마친 비닐 포장과 플라스틱이 곧 쓰레기가 되는 것을 막을 수 있다. 음료를 주문한 손님에게는 스테인리스 빨대를 주고, 가게 밖으로 가져가려는 손님에게는 옥수수 추출물과 대나무 펄프로 만든 친환경 생분해성 용기에 담아준다. 세제는 대용량으로 사서 필요한 만큼 덜어 쓰면서 쓰레기를 줄이기 위해 노력하고 있다.

망원시장에선 2018년 9월부터 '알맹@망원시장' 캠페인을 벌였다. 전통시장에서 물건을 살 때 비닐봉투 같은 일회용 플라스틱 포장을 없애고 알맹이만 담아가자는 캠페인이다. 망원시장에 있는 가게 15곳에서 이 캠페인에 동참했는데, 일회용 포장용기를 사용하지 않는 손님에게는 동전처럼 사용할 수 있는 지역 화폐 '모아'를 나눠줬다. 또, 손님이 원하면 천으로 된 장바구니를 빌려주기도 했다. 이 캠페인을 지지하는 사람들이 장바구니를 400여 개나 기증해준 덕분이었다.

"이렇게 하면 버려지는 쓰레기양이 엄청 줄겠는걸."

"맞아, 일회용컵 같은 포장용기를 만들 때도 많은 에너지가 들고, 버려진 쓰레기를 모아서 종류별로 처리하는 일에도 많은 에너지가 필요해. 그래서 일회용품을 줄이는 게 바로 에너지 절약이라 할 수 있지."

## 에너지를 아끼는 가게

"아, 찬 음료수를 마시고 싶어."

한참 동안 걷느라 땀을 뻘뻘 흘리던 태양이는 문이 활짝 열려 있어 시원한 에어컨 바람이 새어나오고 있는 가게로 들어가려고 했다. 그러자 달님이가 태양이를 붙잡았다.

"태양아, 에어컨을 켜놓고 문을 열어두면 어떻게 될까?"

"그건 안 되지. 에너지 낭비지. 어, 그런데 이 가게는 왜 문을 열어뒀지?"

"가게 문이 열려 있으면 지나가던 손님들이 가게로 들어올 확률이 높다고 생각하기 때문이야."

"이럴 수가!"

"이번에는 에너지를 아끼는 착한 가게에 대해서 알아볼래?"

## 에너지를 아끼는 착한 가게

2012년부터 서울시는 '에너지를 아끼는 착한 가게'를 지정하고 있다. 에너지 요금 때문에 부담을 느끼는 중소상점을 찾아가 에너지 진단과 컨설팅을 해주고 상점별로 에너지 절감 목표를 정하게 했다. 이 목표를 달성하면 '에너지를 아끼는 착한 가게'로 인정하고 서울시의 마크를 붙여주고 있다.

또, 에너지 소비량을 대폭 줄이고 주거 환경을 쾌적하게 만들어주는 건물 에너지 효율화 사업(BRP, Building Retrofit Project)에도 가게들이 참여하도록 하고 있다. 서울시는 낡고 오래된 건물에 단열 보강 공사를 하고, LED 조명과 고효율 보일러, 폐열회수 시스템 등을 설치하는 등 고효율 설비로 시설을 개선하거나 신재생에너지 설비를 설치하고자 할 때 경제적 부담을 느끼지 않도록 자금도 융자해준다. 이렇게 절약한 에너지 요금으로 천천히 갚아나갈 수 있도록 지원하고 있다.

에너지를 아끼는 착한 가게의 기본은 출입문을 잘 닫는 것이다. 에어컨을 틀어놓은 채 출입문을 열어놓는 개문냉방을 하면 에너지가 3배 이상 소비된다. 가게에서는 손님을 끌기 위해 출입문을 열어두지만 이렇게 하면 실내 온도를 시원하게 유지하기 위해 사용한 전기를 문밖으로 모두 흘려보내는 꼴이다. 냉방과 난방을 할 때는 출입문을 잘 닫아두고, 회전문이나 이중문을 설치하여 외부 공기가 들어오는 것을 막는 것도 좋다. 여름에는 25~26도, 겨울에는 18~20도로 실내 적정온도를 지켜서 냉난방을 한다. 에어컨 실외기는 그늘에 설치하거나 차양막으로 햇빛을 가리고, 신선식품을 진열하는 냉장 진열장은 냉기가 새지 않도록 비닐커튼을 설치한다.

가게에서 전기를 절약하는 방법도 다양하다. 밝은 낮에는 창가쪽 조명을 끈 채 자연채광을 이용하고, 가게 간판이나 장식용 옥외 조명도 꺼둔다. 백열등이나 형광등, 할로겐등을 LED로 바꾸면 전기요금을 아낄 수 있다. LED는 형광등보다 2분의 1, 할로겐등보다 8분의 1 정도 적은 전기를 소비하고, 수명은 3~5만 시간이나 되어 오래 사용할 수 있다. 화장실과 복도, 탈의실 등에는 인체감지센서를 설치하면 사람이 들어갔을 때만 전등이 켜져서 전기를 아낄 수 있다.

가게의 영업이 끝나면 실내 조명과 간판, 옥외 조명 등 모든 조명을 끄고, 사용하지 않는 전자제품의 플러그도 뽑는다. 전원을 끄더라도 적은 양의 전기가 계속 소비되기 때문에 전자제품의 플러그를 뽑아두어야 대기전력을 아낄 수 있다. 또, 에너지소비효율등급이 1등급인 제품을 사용하면 5등급 제품보다 전기를 약 30~40%를 절약할 수 있다. 냉온수기와 텔레비전 같은 전자제품은 타이머 콘센트에 꽂아 퇴근과 출근 시간을 설정해두면 자동으로 대기 전력을 차단할 수 있다.

"가게에서 에너지를 아낄 수 있는 방법이 참 많구나."

태양이가 말했다.

"다른 곳도 더 알아보자! 가게 말고 좀 더 규모가 큰 빌딩을 찾아가볼까?"

달님이가 손을 이끌었다.

# 에너지를 생산하는 빌딩

"우와, 엄청 높은 빌딩이네."

"빌딩 모양이 독특한걸. 건물 벽이 지그재그 모양이야."

태양이와 달님이는 목을 잔뜩 뒤로 젖힌 채 초고층 빌딩을 바라보았다.

"지그재그 모양에 뭔가가 있어? 저거 태양광 패널 아냐?"

"왜 저렇게 많이 설치했지? 이 건물 좀 수상한데. 일단 들어가서 알아보자."

달님이가 건물 안으로 씩씩하게 걸어 들어갔다. 그러자 태양이도 고개를 갸웃거리며 따라 들어갔다. 태양이와 달님이가 들어간 건물은 초고층 빌딩인 전경련회관(전국경제인연합회 건물)이다. 지상 50층, 지하 6층 규모의 이 초고층 건물의 외벽은

에너지를 생산하는 건물
전경련회관

지그재그 모양으로 되어 있다. 지그재그 모양 중 하늘을 향한 벽면은 30°각도로 설계되어 있는데, 이곳에 태양광 패널을 설치하여 햇빛을 잘 받을 수 있게 했다. 이것은 건물 일체형으로 설치된 태양광발전설비(BIPV, Building Integrated Photovoltaics)인데, 건물 외벽과 옥상에 태양광 패널 3,279개가 설치되어 있고 이 면적은 무려 5,500㎡나 된다.(참고로 축구장의 면적은 7,140㎡이다.)

2018년 8월 날마다 폭염이 이어지면서 강한 태양이 내리쬘 때 이 건물의 하루 평균 태양광 전력 생산량은 1,839kWh나 되었다. 이것은 약 200가구가 하루에 쓸 수 있는 전기 양이다. 태양광 외에도 지열, 빗물 이용 시스템도 갖추고 있고, 한 번 사용한 물을 화장실 세정용수로 재활용하여 물과 에너지 낭비도 대폭 줄였다.

이렇게 에너지를 생산하는 빌딩은 곳곳에 등장하고 있다. 서울시청 신청사도 에너지를 생산하는 대표적인 건물이다. 서울시청 신청사의 지붕에서는 태양광으로 전기 발전을 하고, 태양열은 냉난방에 이용한다.

서울 시청 신청사

이 태양광 발전기는 하루 200kWh 전력을 생산하는데 이는 청사 전체 하루 전기 소비량인 870kWh의 23%에 해당한다.

태양열 냉난방은 태양에서 얻은 열로 물을 100°C로 뜨겁게 데워 층마다 연결된 배관으로 내려 보낸다. 지하 200m 깊이에 파이프를 연결하여 지열도 이용하고 있다. 이 건물에는 유리가 많은데 열 차단 성능이 뛰어난 고성능 단열 유리를 설치해서 뜨거운 여름날에는 햇볕이 처마에 걸리고 겨울에는 청사 내부 깊숙이 들어오도록 설계했다.

종교 건물들도 에너지를 생산하고 있다. 2016년 11월 원불교는 전국의 원불교 교당과 학교, 사회복지관에 태양광 패널을 설치하여 100번째 햇빛발전소를 세웠다. 2013년 원불교는 100년 기념사업으로 '100 햇빛교당' 계획을 발표했는데, 3년 만에 무려 100곳이나 태양광 발전소를 세웠다. 상업용 발전소에서 생산한 전기는 한국전력에 판매해서 수익을 조합원에게

## 착한 실천을 소개합니다

### 에너지슈퍼마켓

다양한 에너지 절약 제품을 판매하는 동네 슈퍼. 멀티탭과 LED 전구, 미니 태양광 같은 물건 판매뿐 아니라 에너지 교육과 태양광 발전 설치 상담도 한다. 오가는 사람들이 동네 소식을 나누는 우리 동네 즐거운 사랑방!

### 착한 가게

에너지를 아끼는 착한 가게는 에너지 절약은 기본이고, 일회용품과 쓰레기를 줄이고, 건강하고 안전한 제품을 판매하여 누구나 믿고 찾을 수 있는 곳이다.

### 에너지 고효율 빌딩

많은 에너지를 소비하는 고층 빌딩도 에너지를 절약하고 생산하는 시대가 왔다! 건물 일체형 태양광 시스템과 빌딩 에너지 관리 시스템 등 첨단 방법으로 에너지 고효율 빌딩으로 변신!

### 친환경 교통

가까운 동네를 이동할 때는 자전거와 전동 스쿠터 같은 1인용 친환경 이동 수단을 즐겨 이용하고, 먼 거리를 이동할 때는 버스와 지하철, 기차 같은 대중교통으로!

### 에코스쿨(초록학교)

제로에너지빌딩으로 지어 사계절 쾌적한 교실에서 에너지와 환경 공부를 하고, 옥상에는 태양광 발전소가 에너지를 생산하고, 지하에는 빗물 탱크에 빗물을 모아 학교 숲과 텃밭을 가꾸는 우리 학교 최고!

배당금으로 나눠주고 있다.

"가게와 빌딩에는 많은 사람들이 드나들어. 그래서 쾌적하고 편리한 공간을 만들기 위해 많은 에너지를 쓰고 있지."

달님이가 엘리베이터를 가리키면서 말했다.

"맞아. 엘리베이터, 에스컬레이터, 수많은 전등과 에어컨, 보일러와 히터까지 엄청난 전기를 쓰고 있지."

태양이가 고개를 끄덕였다.

"가게에서 사용하거나 판매하는 물건도 다양하고, 하루에 버리는 쓰레기양도 엄청 나. 이게 다 에너지라고 할 수 있지."

"그래서 착한 가게를 이용해야 하는구나."

달님이의 말에 태양이가 맞장구를 쳤다.

"우리 이제 착한 가게만 이용하자."

"우리 동네에서도 착한 가게가 어디에 있는지 찾아볼까?"

태양이와 달님이는 새로운 탐험거리가 생기자 신이 났다.

# 환경 전문 기자와 환경 변호사

텔레비전과 신문에는 환경 사건과 다양한 환경 정보가 자주 등장한다. 이것은 환경 전문 기자가 생생한 환경 현장을 발로 뛰어 취재한 뒤 소식을 전해주는 것이다. 환경 전문 기자는 다양한 환경문제를 정확하게 전달할 뿐 아니라 중앙정부와 지방정부의 환경 정책을 감시하고, 시민 단체와 교류하면서 깊이 있는 기획 기사를 쓰기도 한다. 이 글은 사람들에게 널리 알려지고 사회에 큰 반향을 불러 일으켜 환경문제를 해결하는 데 큰 역할을 한다.

기후변화와 에너지 위기, 개발과 오염문제, 야생 동식물 보전 등 폭넓은 분야를 두루 다루어야 하고, 환경문제를 깊이 들여다보고 분석할 수 있는 전문 지식도 갖춰야 한다. 산봉우리와 강, 섬과 바다를 누비는 일도 많아서 체력도 좋아야 한다. 무엇보다도 환경에 대한 관심과 애정이 있어야 하고, 현장을 뛰면서 사람을 만나 얘기를 듣고 기록하고 사진 찍는 일도 좋아해야 한다. 기자는 대학교 졸업 이상의 학력을 가지고 있는 경우가 많지만 특별히 유리한 학과나 자격증은 없다. 환경 전문 기자에게 도움되는 분야는 산림과 생물, 해양, 환경공학, 화학, 도시공학, 사회학, 경제학, 법학 등 매우 폭넓고 다양하다. 이런 공부를 한 뒤 언론사의 입사 시험에 통과하여 언론인이 된 후, 환경 분야를 전문으

로 선택하면 된다.

한편, 비행기 소음으로 고통받고 악취 때문에 고생하는 사람들, 고향마을이 골프장이나 스키장으로 개발되면서 쫓겨나게 된 사람들, 바다 기름 오염으로 어업 피해를 입고, 홍수가 나서 집이 무너진 사람까지…, 이런 피해를 입어 억울하고 앞날이 막막한 사람들은 누구에게 어떻게 도움을 요청해야 할까? 이때 환경 전문 변호사가 주민들의 편에 서서 소송을 제기하거나 환경 사건에 대한 변호를 하고, 환경분쟁 조정 제도나 손해배상 소송 같은 해결 방법에 대한 전문 법률 상담도 해준다. 변호사는 법에 대한 지식과 함께 준법정신이 필요하고, 사건을 바라보는 공정한 시각과 상황을 잘 판단할 수 있는 냉철한 판단력도 필요하다.

환경 전문 변호사는 환경 분쟁이 발생한 현장을 찾아가 실제로 얼마나 피해를 입었는지, 어떤 원인으로 발생했는지 등 직접 확인하는 일부터 시작한다. 그래서 산과 바다, 개발 현장 등 전국 곳곳을 열심히 뛰어야 한다. 이런 현장 확인뿐 아니라 틈나는 대로 자연을 찾아가 생태 감수성을 키우고, 어려운 일을 당한 사람들에 대한 관심과 깊은 애정도 가져야 한다.

환경 전문 변호사는 자신의 이익보다는 환경문제를 해결하는 공익 활동에서 보람을 찾기 때문에 큰 보람을 느낄 수 있다. 변호사가 되려면 법학전문대학원인 로스쿨을 졸업해야 한다. 졸업 후 변호사가 되면 개인 변호사 사무실을 운영하거나 법무법인, 합동법률사무소에서 활동하게 되고, 환경단체에 소속되어 활동하기도 한다.

## 함께하는 에너지 체험 활동

### 일회용품 없는 에코 카페의 주인이 되어보자!

일회용품을 사용하지 않는 카페는 가능할까? 플라스틱 컵과 빨대, 일회
용 컵홀더 등 따뜻한 차 한 잔을 마시고 나면 버려지는 쓰레기가 수북하
다. 그렇다면 일회용품이 사라진 카페는 과연 어떤 모습일까? 학교 행
사나 마을 행사 때 친구들과 에코 카페를 열어보자. 그리고 건강한 음료
를 마시면서 쓰레기도 줄일 수 있는 방법을 함께 찾아보자.

### ☆ 준비물

컵 여러 개(유리컵, 도자기컵, 스
텐컵 등), 컵받침(천이나 나무 등
으로 만든 다회용), 쟁반, 다회용
빨대(대나무나 유리, 스테인리
스로 만든 빨대 등)와 빨대를
씻는 솔, 텀블러 여러 개(테이크아웃을 원하는 고객용),
티스푼, 포크, 친환경 수세미, 메뉴판, 버너와 냄비(주전자) 또는 전기
포트, 믹서기, 태양열 조리기 등

### ☆ 메뉴

- 과일주스, 우유, 홍차, 밀크티 등
- 호빵, 과자, 케이크 같은 후식 메뉴에 따라 재료를 구한다.

### ☆ 만드는 방법

**1** 에코 카페를 함께 운영할 친구들과 카페 운영 계획을 세운다.

**2** 카페의 메뉴와 가격, 준비물 챙기기, 홍보 등을 함께 의논하여 정한다.

**3** 카페를 홍보할 방법을 연구한다. 포스터와 웹자보를 만들어 잘 보이는 곳에 붙이고, SNS로 홍보한다.

**4** 카페를 여는 날, 준비물을 챙기고 서로의 역할을 나눈다.(주방을 맡을 사람, 서빙할 사람 등)

**5** 손님들의 반응을 살피고 손님의 의견을 반영하면서 재밌게 운영한다.

**6** 태양열 조리기로 음료를 데우거나 호빵 등을 데워서 손님에게 대접해도 좋다. 태양열 조리기가 손님들의 관심을 끌 수도 있다. 테이크아웃을 원하는 손님에게는 텀블러에 담아주고 되돌려 받는다.

**7** 사용한 컵과 숟가락, 포크 등은 깨끗하게 씻어서 다시 사용한다. 손님들이 개수대에서 직접 씻어서 되돌려주는 방법도 좋다.

**8** 카페 운영을 마친 뒤에는 수익금을 어떻게 사용할지 함께 결정하고, 카페를 운영한 소감을 나눈다.

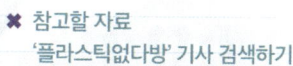

**9** 쓰레기를 얼마나 만들었는지 함께 확인해본다.

### ✳ 참고할 자료
'플라스틱없다방' 기사 검색하기

**STEP 1.** 본문을 읽은 후 짝꿍과 함께 떠오르는 단어들을 중심으로 비주얼 씽킹맵을 그려보자. 그리고 이것을 보면서, 글의 주제를 간략하게 설명해보자.
예)일회용품, 다회용 빨대, 텀블러, 개문냉방, 인체감지센서, 서울시청, 햇빛발전소

**STEP 2.** 우리 마을에는 어떤 착한 가게가 있는지 찾아보고, 목록을 만들어 친구들과 방문해 보자.

1.

2.

3.

**STEP 3.** 일회용품을 사용하지 않는 카페나 음식점을 찾아 방문한 후 이용해보고 느낀 점을 나누어보자.

**STEP 4.** 자신의 생활에서 일회용품을 줄일 수 있는 방법을 찾아보자.

**STEP 5.** 자신이 친구들과 함께 협동조합으로 착한 가게를 만든다면 어떤 상품을 거래하면 좋을지 생각해 보자.
예)로컬푸드 슈퍼마켓, 재사용가게(아름다운가게)

**찾아가는 길**    **광화문 세종대로 _**
종각역 1·6번 출구에서 직진하거나 시청역 4번 출구로 나와 쭉 걸으면 세종대로에 도착한다.
가장 빠른 방법은 광화문역 9번 출구로 나오면 된다.

**연세로 _**
신촌역 1~4번 출구로 나오면 바로 연세로에 도착한다.

**5**

# 자동차보다
# 걷는 사람을 배려하라!

★★★★★★★

따릉이와 함께라면 어디나!
차 없는 거리에서 놀자!
미래 도시를 상상하라!

**1** **자전거** 가까운 거리는 매연을 내뿜지 않고 연료도 필요 없는 자전거가 최고!

**2** **퍼스널 모빌리티** 세그웨이, 전기 자전거, 전동 스쿠터, 전동 킥보드 등 떠오르는 미래 교통

**3** **나눔카** 필요할 때마다 빌려서 이용할 수 있으니 자동차를 소유할 필요가 없다.

**4** **태양광 버스 정류장** 태양광이 만든 전기로 휴대폰 충전, 버스 도착 시간도 알려준다.

**5** **태양광 공항** 인천국제공항 제2여객터미널 제2교통센터 지붕에는
건물 일체형 태양광 발전 시스템이 있다.

## 따릉이와 함께라면 어디나!

"앗, 큰일이닷! 또 늦겠어."

태양이는 벽시계를 올려다보고는 서둘러 가방을 멨다. 우당탕 탕 현관문을 열고 나와 아파트 단지 입구에 있는 자전거 대여소를 향해 뛰었다. 오늘은 달님이와 광화문으로 에너지 탐험을 떠나기로 약속했는데, 늦잠을 자고 말았다. 이럴 땐 따릉이가 있어서 참 좋다. 대여소에서 따릉이를 빌려 타고 페달을 힘껏 밟았다.

학교에 지각할 것 같은 아슬아슬한 시간에도 따릉이의 도움을 받는 게 최고다. 평소에는 학교까지 걸어가지만 급할 때 따릉이를 즐겨 탄다. 학교에 도착하여 교문 가까이에 있는 자전거 대여소에 따릉이를 반납하면 끝! 무척 간단하다.

가까운 동네를 다닐 때도 따릉이가 편리하다. 태양이는 동네 에너지슈퍼마켙에 전구를 사러 가거나 착한 가게에 과일을 사러 갈 때도 따릉이를 타고 간다. 따릉이는 좁은 길도 요리조리 잘 지나갈 수 있고, 교통체증으로 도로가 꽉 막혔을 때도 자전거 도로를 따라 룰루랄라 내달릴 수 있다.

주말이 되면 따릉이의 행동반경이 훨씬 넓어진다. 태양이는 친구들과 따릉이를 타고 한강변을 달리는 걸 좋아한다. 한강공원과 올림픽공원에도 놀러가고 서울숲까지 달려보기도 한다. 따릉이와 함께라면 서울 시내 어디든 문제없다.

서울시 공공자전거인 따릉이는 장점이 참 많다. 매연과 이산화탄소, 미세먼지를 내뿜지 않고, 휘발유나 천연가스 같은 연료도 필요 없고 충전할 필요도 없다. 그냥 페달을 밟기만 하면 된다. 주차할 때 넓은 면적을 차지하지 않고 주차요금도 없고, 자동차나 오토바이처럼 소음을 내지도 않는다. 가벼운 물건을 싣거나 사람을 태울 수도 있다. 지금까지 인류가 개발한 교통수단 가운데 가장 친환경 교통수단이 바로 자전거이다.

서울 공공자전거 따릉이는 누구나, 언제나, 어디서나 쉽고 편리하게 이용할 수 있게 무인대여 시스템으로 운영하고 있다. 따릉이 대여소는 지하철 출입구와 버스정류장, 주택단지, 관공서, 학교, 은행 등 사람들이 많이 다니는 곳에 설치되어 있다. 자전거 대여와 반납은 회원 가입을 한 후 카드나 앱으로 신청할 수 있는데, 어느 대여소에서나 가능하다. 2018년 말 기준 따릉이의 누적 회원 수는 117만 명이나 되고, 서울 시내 1,290곳에 대여소가 마련되어 있다.

"달님아, 벌써 도착해 있었네!"

달님이가 광화문광장에서 태양이를 향해 손을 흔들었다.

"따릉이를 타고 온 덕분에 일찍 도착했어."

"세계 여러 도시에서도 따릉이 같은 공공자전거가 있대."

태양이가 말했다.

"그럼, 다음에 우리 자전거로 세계여행 같이 해볼까?"

"와우, 정말? 자동차가 아니라도 가능할까?"

달님이는 상상만 해도 벌써 기분이 좋아졌다.

## 세계의 공공자전거

우리나라에는 서울의 따릉이뿐 아니라 전국 여러 도시에서도 공공자전거가 있다. 대전시는 타슈, 세종시 어울링, 창원시 누비자, 순천시 온누리, 안산시 페달로 등 곳곳에서 공공 자전거가 시원하게 달리고 있다.

우리나라뿐 아니라 세계 도시에서도 공공자전거가 있다. 프랑스 파리의 벨리브(Velib), 독일 프랑크푸르트의 넥스트 바이크(Next bike), 영국 런던의 산탄데르 자전거(Santander Cycles), 미국 뉴욕의 시티 바이크(Citi Bike), 중국 베이징과 상하이 등에도 시민들이 즐겨 이용하는 공공자전거가 있다.

## 차 없는 거리에서 놀자!

"자동차를 소유하는 것보다 나눔카를 이용하는 게 훨씬 절약이야."

달님이와 얘기하다 보니 태양이는 문득 엄마가 했던 말이 떠올랐다. 태양이네 엄마는 나눔카를 즐겨 탄다. 아주 가끔 무거운 물건을 옮길 때나 가족여행을 갈 때 자동차가 필요할 때면 엄마는 나눔카를 예약하여 운행한다. 엄마는 나눔카를 이용하면 충분하기 때문에 자동차를 가질 필요가 없다고 말씀하셨다. 나눔카는 자동차를 소유하지 않아도 필요할 때마다 차를 빌려서 편리하게 이용할 수 있는 서울시의 자동차 공유 서비스이다. 영어로는 카셰어링(car sharing)이라고 한다. 2013년 2월에 서비스를 시작한 나눔카는 휘발유를 이용하는 일반 자동차뿐 아니라 전기자동차와 하이브리드 자동차까지 다양하다. 나눔카 회원은 227만 4천 명인데 하루 평균 6천여 명이 이용하고 있고, 서울 시내 1,357개소 운영 지점에 4,565대가 대기하고 있다(2018년 6월 기준).

평소엔 엄마도 태양이처럼 따릉이를 즐겨 탄다. 집에서 출발하여 따릉이를 타고 지하철역까지 가서 가까운 대여소에 자전거를 반납한 뒤 지하철을 타고 회사로 출근한다. 이렇게 잘 연결되어 있는 대중교통을 이용하면 서울 시내 어디든 편리하게 이동할 수 있다.

"자동차가 사라지니 거리가 이렇게 넓구나."

"도로를 편안하게 걸을 수 있다니 놀라운걸."

태양이와 달님이는 자동차가 사라진 광화문 세종대로를 걸어다니면서 다양한 행사를 구경했다. 노래와 연주를 하는 사람들, 춤을 추고 연극을 하고 마술 공연까지 볼거리가 정말 많았다.

광화문 세종대로(광화문 삼거리~세종대로 사거리, 550m)는 일요일이 되면 **차 없는 거리**로 변신한다. 4~10월(혹서기 7, 8월 제외)까지 매주 일요일(12시~5시)마다 자동차 진입이 금지되고 이렇게 넓어진 거리에선 시민들이 다양한 행사를 연다.

덕수궁길(대한문~원형분수대)은 평일에 차 없는 거리로 변신한

## 친환경 교통의 이모저모

따릉이

나눔카

서울로7017

차 없는 거리(덕수궁길)

## 친환경적인 교통 시설과 공간들

### 차 없는 거리
세종대로와 덕수궁길, 인사동길, 관철동길, 낙원동길, 혜화동 대명거리 등 요일과 시간을 정해서 자동차 진입을 금지하고 걷는 사람들의 천국으로 변신한다.

### 연세로 대중교통 전용지구
평소에는 버스만 다니다가 금요일 오후부터 일요일까지 차 없는 거리가 된다.

### 서울로 7017
오래된 서울역 고가도로를 보행자 전용길로 새롭게 꾸미자 많은 사람들이 즐겨 찾는 명소가 되었다.

### 태양광 버스 정류장
서울 세종로의 버스 정류장에는 태양광이 만든 전기로 휴대폰을 충전하고 버스 도착 시간을 알려주는 정보 안내 단말기를 작동시키고 있다.

### 태양광 공항
인천국제공항 제2여객터미널 제2교통센터 지붕에 있는 건물 일체형 태양광 발전 시스템은 500여 가구가 하루 종일 쓸 수 있을 정도로 많은 전기를 생산할 뿐 아니라 단열과 차음, 방수 기능도 제공한다.

### 미래 도시의 교통
전기자동차, 태양광 자동차, 수소버스, 태양광 비행기, 소금물로 달리는 슈퍼카 등 새로운 교통 수단이 미래 도시를 누빌 것이다.

### 유니버설 디자인(Universal design)
발판의 높이를 낮춘 저상형 버스, 보도와 버스 바닥의 높이가 같은 버스 정류장, 지하철역과 지상을 연결하는 엘리베이터 등 어린이와 휠체어를 탄 장애인, 노인 등 누구나 공평하게 이용할 수 있는 유니버설 디자인을 도입하여 편리하게 이용하고 있다.

다. 평일 오전 11시~오후 2시, 토요일 오전 10시~오후 5시까지 자동차가 사라져 한적하게 걷기 좋은 길이 되고, 청계천로는 토요일~일요일까지 차 없는 거리가 된다. 이외에도 인사동길, 관철동길, 낙원동길, 혜화동 대명길, 대학로 마로니에길 등 걷는 사람들을 위한 넓은 공간이 생긴다. 이런 차 없는 거리는 서울 시내 117개소, 30,184m(2018년 9월 기준)나 되는데, 자동차가 사라져서 한결 안전하고 쾌적해진 거리를 걸으며 평소와 다른 서울의 풍경을 즐길 수 있다.

연세로는 신촌역에서 연세대 정문까지 이어지는 550m 거리인데, 서울에서 단 한 곳뿐인 '대중교통 전용지구'이다. 연세로는 평소에는 버스만 다닐 수 있고, 금요일 오후 2시부터 일요일 오후 10시까지는 버스마저 못 들어오는 '차 없는 거리'로 변신한다. 한때 사람과 자동차, 가게들이 뒤엉켜 복잡했던 연세로는 4차선 도로를 2차선으로 줄이고 보행자를 위한 보도 확장, 노점 정비, 보행 지장물 정비 등 걷기 좋은 거리로 말끔하게 꾸몄다. 이렇게 대중교통 전용지구로 지정하여 자동차를 통제하고 차 없는 거리가 되자 사람들이 몰려들었다. 편안하고 깨끗해진 이 거리는 광장으로 변해 물총축제, 맥주축제, 크리스마스 거리축제 등 주말마다 다양한 축제와 공연, 행사를 열고 있다. 사람들이 찾아오니 침체했던 이 거리의 상권도 활기차게 되살아났다.

"태양아, 예전에 여기가 어떤 길이었는지 기억하니?"

"아마도 도로였을걸?"

태양이와 달님이는 따릉이를 타고 광화문을 지나 서울역으로 달려왔다. 서울역 고가로 잘 알려진 이곳은 자동차들이 달리던 고가도로였는데, 오래되고 낡아 안전에 문제가 생기자 사람이 걸을 수 있는 보행자 전용길로 새로 꾸몄다. 자동차가 달리던 도로를 사람들이 걸을 수 있는 길로 바꾼 건 국내 최초였다. 이름도 **서울로7017 보행특구**라고 지었다. 고가뿐 아니라 만리동과 회현동까지 이 일대 1.7km² 공간을 누구나 편히 걸으며 서울을 즐길 수 있는 곳으로 꾸미자 많은 사람들이 찾아와 상권이 활기를 되찾았다. 이런 변화를 지켜본 서울시는 서촌과 을지로, 명동, 장충, 혜화 등 녹색진흥지역을 서울 도심부로 점점 넓혀 보행특별시로 만들어 갈 계획이라고 한다.

"이동권은 기본권이야. 누구나 이동의 자유가 있지."

달님이가 뭔가를 느낀 듯 힘주어 말했다.

"자동차에게 길을 빼앗긴 채 걷는 사람들은 육교로, 지하도로 불편하게 피해 다녀야 했어. 이건 정말 문제야."

태양이도 달님이의 말에 맞장구를 쳤다.

"도로 옆 좁은 인도를 걸을 때도 소음과 매연, 미세먼지, 혹시

다양한 이동수단

모를 교통사고의 위험까지 감수해야 했어.”

“서울의 풍경을 감상하며 맘껏 걸을 수 있는 길이 생겨서 정
말 다행이야.”

둘은 저녁노을이 물들 때까지 서울로7017에 서서 오랫동안 서
울의 풍경을 바라보았다.

# 미래 도시를 상상하라!

미래 도시의 교통은 지금과는 다른 모습으로 변할 것이다. 지금 우리가 사용하고 있는 석탄과 석유, 천연가스 같은 화석연료는 점점 바닥나 더 이상 쓸 수 없게 될 것이고, 새로운 에너지를 사용하는 교통수단이 늘어날 것이다. 이미 그 변화의 씨앗이 등장하고 있다. 2007~2008년 스위스에 사는 루이 팔머 씨는 첨단기술로 제작한 태양광 자동차인 솔라 택시(Solar Taxi)를 타고 세계일주를 했다. 팔머 씨는 유럽 20개국과 중동, 인도, 호주, 중국 등을 여행했고 26번째로 우리나라를 찾아오기도 했다.

태양광 비행기도 세계일주에 성공했다. 솔라 임펄스 2호는 2015년 3월 9일 아랍에미리트 아부다비를 출발하여 약 1년 4개

월 만에 총 4만 2,000km를 여행하고 출발지인 아부다비로 안전하게 돌아왔다. 이 비행기는 태양 전지판 1만 7,000여 개를 달았는데 여기에서 생산한 에너지가 비행기 프로펠러 4개를 작동시키고, 남은 전기는 배터리에 저장하여 해가 진 뒤에도 계속 비행했다. 이렇게 석유 한 방울도 쓰지 않고 태양의 힘만으로 드넓은 하늘을 날아올랐다.

태양광 비행기 솔라 임펄스

인천공항 제2터미널 제2교통센터

프랑스의 태양광 도로

우리나라 공항에서도 태양광을 이용한다. 2018년 1월에 개장한 인천국제공항 제2여객터미널의 제2교통센터 지붕에는 건물 일체형 태양광 발전 설비(BIPV)와 태양광 발전 패널을 설치했다. 지붕에 설치된 태양광 설비들은 건물의 외벽 역할인 단열과 소음 차단, 방수 기능을 할 뿐만 아니라 약 510가구가 하루 종일 사용할 수 있는 전기도 생산하고 있다.

2017년 프랑스 노르망디 지역에는 태양광 도로가 등장했다.

이 도로에는 하루에 자동차가 약 2,000대 가량이 오가는데, 1km 도로에 깔린 태양광 패널은 자동차 무게를 견딜 수 있도록 설계했고, 달리는 자동차가 미끄러지지 않도록 태양광 패널의 표면에 미세한 실리콘층도 만들었다. 이 도로에서 생산한 전기는 인근 마을의 길에 등을 밝히는 용도로 쓰고 있다.

"와아, 미래 도시에서 어서 살아보고 싶어."

"엄청 신날 것 같아."

함께 사진을 보며 미래 도시에 대해 얘기하던 달님이는 기분이 한껏 들떠 있었다. 태양이는 갑자기 교통에 대한 관심이 생겼다.

"미래 도시에는 친환경 교통이 누비게 될 거라고? 그럼, 새로운 교통수단 덕분에 교통사고와 기후변화, 미세먼지 같은 위협에서도 벗어날 수 있겠지?"

태양이는 진지한 표정으로 전문가 흉내를 내보았다.

"정말 그렇네. 태양이 너 전문가 같은데."

"내가 원래 좀 멋있지. 헤헤헤."

서울자전거 따릉이 www.bikeseoul.com
공유 서울 나눔카 www.seoulnanumcar.com

## 함께 둘러보면 더 좋은 곳들

### 서울로7017

⌛ seoullo7017.seoul.go.kr

서울로7017은 1970년 자동차를 위해 만든 고가도로를 2017년 사람을 위한 보행길로 바꾼 도시 재생 프로젝트다. 45년 동안 서울의 동서부를 잇던 서울역 고가도로는 2015년 안전등급 D등급을 받고 철거 위기에 놓였지만 2017년 시민들에게 도심 속 녹지와 걷는 즐거움을 주는 서울로7017로 재탄생하게 되었다. 70년에 지어져 17년에 재탄생했다는 의미로 7017이라는 이름이 붙었는데 17개의 보행길이라는 뜻도 포함된다. 서울로7017은 단순히 고가 도로의 녹지화로 끝나는 것이 아니라 단절된 서울역 일대를 함께 정비하여 지역 활성화와 도심 활력 확산에 큰 도움이 되고 있다.

### [추천코스]

● **1코스 : 서울로 둘러보기**
  문화역 서울284 ⋯▶ 서울로7017 ⋯▶ 세브란스빌딩 ⋯▶ 숭례문 ⋯▶ 한양도성 ⋯▶ 백범광장 ⋯▶ 안중근기념관 ⋯▶ 삼순이계단 ⋯▶ 회현 제2차 시범아파트 ⋯▶ 남산육교

● **2코스 : 근현대 건축 기행**
  문화역 서울284 ⋯▶ 서울로7017 ⋯▶ 손기정 기념관 ⋯▶ 약현성당 ⋯▶ 성요셉아파트 ⋯▶ 충정각 ⋯▶ 충정로역

● **3코스 : 서울로 야행**
  서울역 15번 출구 ⋯▶ 서울로7017 ⋯▶ 남대문교회 ⋯▶ 한양도성 ⋯▶ 백범광장 ⋯▶ 남산육교 ⋯▶ 숭례문

# 기후변화 시대의 녹색 직업

기후가 변하면 직업에도 변화가 생긴다. 기후변화 시대에는 어떤 직업이 등장할까? 가장 먼저 변화를 맞이한 분야는 농업이다. 망고와 용과, 파파야, 패션프루트 등 수입하던 아열대 과일을 국산으로 생산할 수 있게 되자, 이 작물을 수확하는 <mark>아열대 작물 농부</mark>가 등장했다. 또, 기후변화 시대에 잘 적응한 벼와 채소, 과일 등을 생산하기 위해 종자를 개량하고 농산물의 수확량을 늘리기 위해 연구하는 <mark>친환경 농업 연구원</mark>도 바빠졌다.

미래식량으로 알려진 <mark>곤충 요리사</mark>도 등장했다. 곤충은 단백질과 아미노산 같은 영양분이 풍부하고 성장과 번식이 매우 빨라서 충분한 양을 공급할 수 있다. 메뚜기와 귀뚜라미, 누에번데기, 갈색거저리 유충, 장수풍뎅이 유충, 백강잠 같은 다양한 곤충을 이용하여 만든 과자와 파스타, 햄버거, 곤충초밥 같은 요리는 영양만점이다.

폭염과 폭설, 홍수 같은 기상이변이 극심해질수록 안전한 집에 대한 고민이 늘어난다. 그러자 <mark>제로에너지 건축가</mark>가 매우 바빠졌다. 건물을 매우 튼튼하게 지어 내부의 열을 단단히 붙잡고, 태양광과 지열로 에너지를 생산하는 제로에너지 건축은 건물을 유지하고 관리하는 비용이 적게 들고 냉난방 비용도 적게 들어 여러 면에서 이득이다.

기후변화 시대의 <mark>패션 디자이너</mark>는 '더욱 시원하게, 보다 따뜻하게'라는 목표를 가지고 기능성 옷 개발에 몰두하고 있다. 여름철에는 덥고 습한 날씨를 견딜 수 있는 가볍고 시원한 기능성 옷을 만들고, 혹독한 추위를 견뎌야 하는 겨울에는 옷 자체에서 태양 에너지를 받아 이 열을 가둬두고, 바람과 습기는 막아주는 특수기능을 가진 옷을 개발하기 위해 연구하고 있다.

병원도 바빠졌다. 푹푹 찌는 폭염이 계속 이어지자 온열질환자가 늘어나고, 동남아시아 같은 고온다습한 지역에서 나타났던 콜레라와 뎅기열 같은 열대성 질병과 바이러스 전염 등 새로운 질병이 늘어나자 **아열대 질병 전문의사**가 분주해졌다.

기후가 변하면서 고산지대에 살던 침엽수들이 말라 죽고, 야생화 서식지가 사라지는 등 자연생태계가 변하면서 멸종위기를 맞은 동식물이 늘어나고 있다. 이들 유전자를 확보하고 적절한 서식지에 복원하는 **생물종 복원 연구원**의 발걸음도 분주해지고 있다.

**신재생에너지 발전 연구원**도 바빠졌다. 석유와 석탄, 천연가스 같은 화석연료가 기후변화 문제를 일으키자 태양과 바람, 지열, 조력, 바이오매스 같은 신재생에너지에 대한 관심이 높아졌고, 이보다 더 무궁무진하고 안전한 새로운 에너지원을 찾기 위해 애를 쓰고 있다. 뿐만 아니라 새로운 에너지를 직접 생산하는 **신재생에너지 생산자**, 이 설비를 관리하고 수리하는 **발전시스템 기술자**도 함께 늘어나고 있다.

교통에도 큰 변화가 나타나고 있다. 화석연료가 고갈된 미래 도시에는 자전거와 자전거 택시, 전기자동차, 전동 스쿠터 등 친환경 이동수단이 거리를 누비게 될 것이다. 또, 태양광 자동차와 태양광 비행기 같이 친환경 방법으로 이동하는 시대가 오면서 **친환경 교통 기술자**도 매우 바빠지고 있다.

## 함께하는 에너지 체험 활동

### 모두 참여하는 에너지 절약 캠페인을 벌여요!

3월 마지막 주 토요일 저녁이 오면 전 세계 사람들이 한 시간 동안 지구촌 불끄기 행사인 '지구를 위한 한 시간(Earth hour)' 행사를 연다. 가정과 가게, 빌딩, 공공기관 등이 같은 시간에 전등을 끄고, 남산타워와 서울시청, 호주 시드니 오페라하우스, 프랑스 파리 에펠탑 등 도시의 랜드마크들도 동시에 불을 끄고, 에너지 절약에 대해 생각하는 시간을 갖는다. 하늘에서 내려다보면 밤이 먼저 오는 동쪽에서부터 서쪽까지 어둠의 물결이 지구를 한 바퀴 도는 것이다. 우리 집이나 학교 행사 등에서 한 시간 동안 전등을 끄고 에너지 문제에 대해 생각한 뒤, 더 많은 사람들이 참여할 수 있는 에너지 절약 캠페인을 벌여보자.

1. '지구를 위한 한 시간'을 위한 전등 끄는 날 짜와 시간을 정한다. 3월 마지막 주 토요일 이 아니라도 좋다.

2. 한 시간 동안 무엇을 할 것인지를 정한다. (예: 촛불을 켜고 이야기를 나눈다. 옥상에서 별을 본다 등)

3. 한 시간 동안 느낀 점을 글과 사진으로 정리한다.

4. 이런 경험을 바탕으로 친구들과 함께 캠페인을 기획한다. 되도록 많은 사람 들이 참여할 수 있는 방법을 찾는다. (예: 에너지 절약 실천에 대한 스티커 붙이 기, 자전거 발전기로 솜사탕 만들기 등)

5. 서울에너지드림센터와 노원에너지제로주택, 에너지슈퍼마켙(www.e-super. co.kr) 등 에너지 절약 방법과 에너지 절약 제품이 있는 곳을 찾아가서 최신 정보를 모은다.

6. 캠페인 장소와 방법을 정한다. (예: 학교 행사, 길거리, 사람들이 모이는 행사 등) 친구들과 즐겁게 캠페인을 벌인다.

7. 캠페인이 끝난 뒤 평가를 하고, 소감을 나눈다. 다른 친구들도 이 캠페인의 정보를 공유할 수 있도록 준비 과정과 결과를 SNS에 올린다.

**STEP 1.** 본문을 읽은 후 짝꿍과 함께 떠오르는 단어들을 중심으로 비주얼 씽킹맵을 그려보자. 그리고 이것을 보면서, 글의 주제를 간략하게 설명해보자.

예)공공자전거(따릉이), 나눔카, 차 없는 거리, 서울로7017 보행특구, 보행특별시, 솔라 택시, 태양광 비행기

**STEP 2.** 친환경 교통수단을 운영하고 있는 세계의 도시들을 조사하여 발표해 보자.

**STEP 3.** 화석연료 자동차와 전기 자동차를 비교해보자. 전기 자동차는 화석연료 자동차보다 대기오염 배출량을 얼마나 줄일 수 있을까?

**STEP 4.** 자신이 도시공학자가 되었다고 상상하고, 우리 마을과 도시의
교통 시스템을 설계해 보자.

**STEP 5.** 미래의 자동차는 어떤 힘으로 움직이게 될지 상상해 보자.
예)음식물쓰레기에서 나온 메탄가스

**찾아가는 길**  **석관두산아파트** _ 서울특별시 성북구 화랑로48길 16
석계역 4번 출구로 나와 석계교를 건너면 석관두산아파트(석관동두산위브아파트)에 도착한다.

**홍릉동부아파트** _ 서울특별시 동대문구 홍릉로10길 48
청량리역 2번 출구로 나와 청량리역환승센터 정류장에서 1227번 버스를 탄 다음,
동부아파트 정류장에서 하차하면 된다.

에너지자립마을(아파트형)

# 에너지 아끼는 착한 집, 아파트도 가능해!

★ ★ ★ ★ ★ ★

아파트가 착하다니 무슨 소리야?
석관두산아파트의 에너지 실험
집집마다 전기요금 줄이기 대작전
에너지를 생산하는 아파트

1 **가로등** 아파트 단지 안 가로등을 LED등으로 교체

2 **태양광발전소** 아파트 옥상에 세워 공용 전기 대폭 절약

3 **미니 태양광 설치** 베란다나 옥상에 설치하면 우리 집도 발전소로 변신!

4 **텔레비전** 절전모드 설정, 안 볼 때는 전기 소비가 많은 셋톱박스 전원도 끈다.

5 **냉장고** 냉동실 설정 온도는 -18~-17도, 냉장실은 4~5도로

6 **에어컨** 여름철 실내 온도는 28도, 9월에서 이듬해 6월까지 플러그를 뽑아둔다.

7 **전기밥솥** 보온 기능을 사용하지 않고, 찬밥을 데울 때 재가열 버튼

## 아파트가 착하다니 무슨 소리야?

"우리 집이 착한 아파트라고?"

태양이는 거실 창문으로 바깥 풍경을 바라보았다. 태양이는 고층 아파트의 맨 꼭대기층에 살고 있다. 태양이는 거실의 창을 활짝 열고 도시의 풍경을 바라보는 걸 좋아한다. 중랑천을 따라 자전거를 타고 달리는 사람들, 도로 위를 질주하는 자동차, 건너편엔 다닥다닥 수많은 집들과 우거진 숲까지 한눈에 들어왔다. 탁 트인 이런 전망을 거실에서 편안히 감상할 수 있으니 참 좋다. 아래를 내려다보면 아찔하지만 말이다.

태양이는 어릴 적부터 아파트에서 살았다. 마당 있는 집에서 강아지를 키워보고 싶다고 졸라본 적도 있지만 엄마와 아빠는 이사할 때마다 아파트를 선택했다. 아파트는 관리사무소가 따로 있어서 건물 수리나 쓰레기 처리 같은 관리를 할 필요가 없고, 안전과 보안에도 신경 쓸 일이 적다고 했다. 또, 아파트 단지 사이에 충분한 거리가 있어서 햇볕이 잘 들고 바람도 잘 통해서 쾌적하다.

그나저나 태양이네 아파트는 왜 착한 아파트일까? 아파트에 사는 사람들이 모두 착한 사람들이라는 뜻일까? 태양이가 살고 있는 서울시 성북구 석관동의 석관두산아파트가 '에너지를 아낀 착한 아파트'로 선정되었다고 한다. 태양이는 학교 숙제로 에너지를 아낀 착한 아파트에 대해 조사해보기로 했다. 태양이는 아파트 관리소장님에게 전화를 했다.

"왜 착한 아파트인지 궁금하다고? 그럼 지하 1층 주차장으로 올래?"

태양이는 고개를 갸웃거리며 엘리베이터를 탔다. 아파트의 지하엔 넉넉한 주차공간이 있어서 자동차를 주차할 걱정이 없다고 아빠가 얘기했던 게 기억났다. 관리소장님은 만나자마자 주차장의 천장을 손으로 가리켰다.

"여기를 올려다볼래?"

'뭘 보라는 거지?'

어리둥절한 태양이가 다시 관리소장님을 바라보자 관리소장님은 방긋 웃었다.

# 석관두산아파트의 에너지 실험

석관두산아파트는 1,998세대가 사는 매우 큰 아파트 단지인데, 지하 3층까지 주차장이 있고 주차장에는 자동차를 이용하는 사람들이 불편하지 않게 24시간 전등을 켜놓고 있다. 몇 년 전 이 주차장 천장에는 5,800개나 되는 형광등(시간당 40Wh 전기 소비)이 켜져 있었는데, 지하 주차장의 전기요금이 한 달에 약 1,800만 원이나 나왔단다. 그래서 전기요금을 아끼기 위해 일부 형광등을 꺼놓고 몇 개는 아예 등을 철거하기도 했다. 그랬더니 주차장이 어두워서 불편하다는 사람도 있었다. 형광등을 늘리면 전기요금 폭탄이 두렵고, 줄이면 불편하고 어떤 해법이 있을까?

이 문제를 고민하던 관리소장님은 여러 곳을 알아보고 고민하다가 드디어 해결방법을 찾았다. 바로 지하주차장의 형광등을 모두 **LED등**으로 바꾸는 것이었다. LED등은 형광등에 비해 전기를 절반만 사용하는데 밝고 수명도 3~5만 시간으로 매우 길다. 기존 형광등은 전기를 시간당 40Wh 소비했지만, 새로 바꾼 LED등은 전기를 시간당 20Wh만 소비하니 이래저래 이득이었다. 또 다른 방법도 찾았다. 지하주차장은 24시간 조명이 빛날 필요 없이 사람과 자동차가 오갈 때만 밝아지면 충분했다. **동작 감지 센서**로 사람과 자동차의 움직임이 있을 때는 밝아지면서 전기를 시간당 20Wh 사용하고, 아무도 없을 때는 자동으로 어두워지면서 전기도 시간당 5Wh만 사용하게 했다. 이렇게 바꾸니 지하주차장 조명의 전기 사용량이 83%나 줄었고, 주민들은 주차장이 밝아졌다고 만족해했다.

여기에 그치지 않고 **엘리베이터** 조명도 LED등으로 바꿨다. 석관두산아파트는 25개 동에 엘리베이터 41개가 운행하고 있는데, 이용하는 사람들의 안전과 편리를 위해 24시간 늘 전등이 켜져 있다. 그런데 엘리베이터의 입구에는 20W 등이 켜져 있지만 엘리베이터 안은 36W 형광등 4개가 켜져 있어 너무 과하게 밝았다. 이것을 13W LED등 2개로 바꾸었다. 그럼 어두워서 불편하지 않을까? 관리소장님은 엘리베이터 전등을 바꾼다는 것을 알리지 않고 시범으로 한 곳의 전등을 바꾸어 놓

앗다. 그러나 주민들 누구도 엘리베이터의 조명이 바뀌었다는 것을 알아채지 못했다. 결국 성능 좋은 LED등으로 바꾸자 전력 소비를 82% 낮추고 밝기도 60% 정도로 어둡게 조정했지만 전혀 불편하지 않았다.

그 후 엘리베이터 41대 전체 형광등을 모두 LED등으로 바꾸어 전기를 연간 약 4만 2천kWh 절약했다. 이 많은 전구를 LED등으로 바꾸려면 많은 비용이 들었지만 전기요금을 절약한 것으로 대신할 수 있었고, 장기적으로 보면 훨씬 더 이익이었다. 또, 엘리베이터에 회생제동장치를 달아서 사람이 타지 않거나 한두 명이 있는 가벼운 상태로 올라갈 때나, 사람이 가득 찬 무거운 상태로 내려갈 때 만들어지는 전기를 공동 전기로 이용할 수 있게 했다. 이렇게 잘 몰라서 그냥 버려지던 전력을 되살려 건물에 필요한 전기로 재사용할 수 있게 했더니 기존 엘리베이터보다 15~40%까지 전기를 아낄 수 있었다.

"와아, 놀라운데요."

흥미로운 얘기를 들은 태양이는 신이 났다. 그뿐이 아니었다. 아파트 안지 안에 있는 가로등도 LED등으로 바뀌다. 이전에 있던 가로등은 150W를 소비하는 할로겐 등이었는데 50W LED등으로 바꾸니 밝기는 약 30% 감소했지만 전력 소비량은 66% 정도 줄었다. 그러나 사람들은 전혀 불편하다고 느끼

# 에너지자립마을 석관두산아파트의 이모저모

LED 가로등

석관두산아파트 입구

LED등에 동작 감지 센서를 장착한
지하주차장

미니 태양광 발전기를 설치한 관리실

전기도 절약하고 수압을
일정하게 해주는 부스터 펌프

가정마다 설치한 미니 태양광

지 않았다.

"많은 사람들이 모여 사는 아파트는 굉장히 많은 에너지를 쓰고 있어. 다양한 지혜를 모으면 손쉬운 방법으로 에너지를 아낄 수 있어."

관리소장님은 이렇게 강조하셨다. 다양한 방법으로 아파트 곳곳에서 전기를 아꼈더니 엘리베이터와 주차장, 가로등 같이 공동으로 이용하는 공간에 필요한 공용 전기요금이 대폭 줄어들었고, 아파트 주민들이 나눠서 내야 하는 아파트 관리비도 줄어들었다. 2012년 석관두산아파트는 공동공간에서 사용한 공용 전기를 6,700만 원이나 아끼고, 아파트 전체 전기요금도 1억 8,000만 원이나 아꼈다.

태양이네 아파트가 착한 아파트가 된 비결은 또 있었다. 아파트 경비실에서 근무하는 분들이 시원하게 일할 수 있도록 에어컨을 설치하고, 이 전기를 생산하는 **미니 태양광 발전기**도 경비실 외벽에 달았다. 이 발전기의 이름은 경비원과 나눔을 위해 만든 것이라는 의미를 담아 '에너지 나눔 햇빛발전소'라고 지었다.

## 집집마다 전기요금 줄이기 대작전

"아빠, 그럼 우리 집에서도 에너지를 아껴야 하지 않을까요?"

관리소장님 얘기를 자세히 듣고 온 태양이는 퇴근하고 온 아빠에게 우리 집에서는 무엇을 할 수 있을까 여쭤보았다.

"우리 집에서도 에너지 절약을 하고 있어. 지금까지 네가 눈치를 못 채고 있었을 뿐이지."

"눈치를 못 채고 있었다구요? 정말이에요?"

태양이는 친구들 중에서도 눈치가 빠른 편인데, 우리 집에서 눈치를 못 챈 것이 있다니 갑자기 승부욕이 불타올랐다.

"리모컨을 가져와 볼래?"

아빠가 말했다. 아빠는 리모컨을 작동시켜 텔레비전 절전모드에 대해 설명했다. HDTV나 PDP TV 등 **텔레비전** 종류에 따라

서 0단계에서 4단계, 또는 3단계에서 7단계 정도까지 절전 수준을 바꿀 수 있는 기능이 있다. 절전 단계가 높을수록 소비전력이 낮아지는데 한 번 조정해 놓으면 1년 내내 아주 쉽게 전기를 절약할 수 있다. 텔레비전의 밝기가 조금 어두워져도 사람의 눈은 밝기에 따라 곧 적응하기 때문에 큰 불편함 없이 텔레비전을 시청할 수 있다. 또, 텔레비전을 안 볼 때는 전기 소비가 큰 셋톱박스의 전원도 끈다.

냉장고의 설정온도를 조정하는 것도 아주 쉬운 절전 방법이다. 냉장고의 냉동실 온도는 -25도에서 -16도까지 조정할 수 있고, 냉장실 온도는 0도에서 5도까지 조정할 수 있다. 냉장고의 온도를 약간 높여도 음식은 여전히 시원하게 보관할 수 있고, 냉장고의 내부와 외부의 온도차가 적어져서 냉장고의 냉기 모터의 가동시간이 줄어들고, 한번 가동 때 필요한 전기량도 줄어들게 된다. 그래서 냉장고의 소비전력을 줄이는 가장 좋은 방법은 냉동실과 냉장실의 온도를 적정하게 유지하는 것이다. 냉동실 설정온도는 -18~-17도, 냉장실은 4~5도로 높여도 음식 보관에는 별 문제가 없다.

에어컨 설정온도는 28도로 유지한다. 찬 공기는 아래로 내려가고 더운 공기는 위로 올라가는 성질이 있다. 그래서 에어컨에 내뿜는 찬 공기는 주로 거실이나 방 안에서 앉아서 생활하는 가족들에게 전달될 때는 에어컨 설정온도보다 낮아서 충분히 시원하다. 에어컨 실외기에는 차양막을 설치하면 냉방 효과가 크다.

에어컨은 1년 중 가을과 겨울, 봄에는 쉬다가 더운 여름에만 작동한다. 그런데 가동하지 않을 때도 플러그를 꽂아두면 한 달에 약 3kWh 전기가 계속 소비된다. 3kWh가 적은 것 같지만 1,000세대가 3kWh를 절약하면 한 달이면 3,000kWh가 절약되고 1년이면 3만kWh나 줄일 수 있다. 아파트 전체가 함께 절약하면 엄청난 양이 되는 것이다. 또, 잠자기 전이나 외출할 때는 인터넷을 비롯한 사용하지 않는 **가전제품**의 플러그를 모두 뽑아둔다. 대기전력은 전자제품을 사용하지 않을 때도 플러그를 꽂아두면 전기가 계속 새어나가는 것을 말한다. 플러그를 꽂고 뽑는 게 번거롭다면 멀티탭에 꽂아두고 멀티탭의 전원 버튼을 누르면 매우 간편하다. 이런 절전 방식은 매우 쉽고 단순해서 누구나 실천할 수 있지만 효과도 매우 커서 좋다.

"눈치 빠른 나조차도 전혀 눈치를 챌 수 없었어."

아빠의 설명을 들은 태양이는 고개를 끄덕였다.

# 에너지를 생산하는 아파트

서울 사람들 중 반 이상은 아파트에 살고 있다. 2017년 12월 기준 서울의 주택(서울시 통계)은 2,866,845채인데, 아파트는 1,665,922호로 58%이다. 단독주택(331,863)과 연립주택(114,352), 다세대주택(724,932), 비거주용 건물내주택(29,776)을 제치고 가장 많은 사람들이 사는 곳이다. 이 많은 아파트가 에너지를 아낀 착한 아파트가 된다면 어떤 변화가 생길까? 석관두산아파트는 서울시의 대표적인 에너지자립마을이다. 에너지자립마을이 된 아파트는 더 있다. 에너지를 절약하여 아파트 관리비의 전기요금을 대폭 줄인 신대방현대아파트, 양재우성아파트, 창신쌍용2단지아파트, 금호대우아파트 등이다. 이곳은 지난 4년 동안 전기요금을 20% 이상 줄었다.

송파구 거여1단지아파트는 2015년 아파트 옥상에 260W 태양광 패널 530개를 설치하여 태양광 발전소를 세웠다. 이 태양광 발전소는 시간당 135kWh의 전기를 생산할 수 있는 용량인데, 태양광 패널을 옥상 여러 곳에 분산 설치했고, 햇빛 전기를 공용 전기로 사용하기 위해 인버터도 설치했다. 그 결과 공용 전기요금의 50%를 자체 생산하고 있다. 또, 주민들의 절반 이상이 에코마일리지에 가입하여 가정에서 사용하는 에너지를 줄이고 있다. 동대문구 홍릉동부아파트는 전체 세대의 94%가 미니 태양광을 설치하여 2017년 4~9월 전기요금을 2016년 같은 시기보다 2,700만 원이나 덜 냈다. 1개월에 450만 원씩 아낀 것이다.

이런 일은 혼자 하기보다는 여럿이 함께 힘과 지혜를 모으는 것이 중요하다. 서울시는 아파트 에너지 절약과 생산, 공동체 조성을 해본 경험이 있는 분들을 '아파트 에너지 보안관'으로 위촉했다. 에너지 보안관은 서울에 있는 여러 아파트를 찾아가 공용 전기와 세대별 전기절약법을 친절하게 알려준다. 특히 아파트 관리비의 24%를 차지하는 공용전기 절약법을 집중해서 알려주는데, 아파트는 입주자 대표 회의 동의를 얻어야 하기 때문에 아파트 입주자 대표들을 위한 컨설팅과 교육을 열심히 하고 있다.

# 태양광 발전과 함께 떠오르는 직업

서울에는 아파트와 빌라의 베란다에 미니 태양광을 설치한 집을 쉽게 만날 수 있다. 건물 옥상에 태양광 패널을 설치한 곳도 있고, 공공건물이나 학교 같은 대형 건물에 태양광 발전소를 세운 곳도 있다. 이처럼 몇 년 사이에 태양광이 널리 보급되면서 다양한 일자리를 만들고 있다.

태양광 패널을 제작하는 태양광 제작회사 대표와 태양광 제작 기술자들이 바빠졌다. 수명이 길고 설치는 어렵지 않지만 가격은 한결 저렴해진 태양광 패널을 널리 보급하기 위해 다양한 연구를 하고 있다. 태양광이 낮에 생산한 전기를 모았다가 저녁이나 겨울 같이 태양광 발전을 할 수 없을 때 전기를 쓸 수 있는 축전기술도 연구하고 있다.

태양광 보급회사도 바빠졌다. 태양광 패널을 주문한 가정으로 직접 달려가 햇빛을 잘 받을 수 있는 위치에 안전하게 설치하고, 관리하는 방법도 알려준다. 주차장이나 가로등, 공원 같은 공공시설에도 늘고, 가게와 대형 빌딩에서도 태양광 설치가 부쩍 늘어나면서 일이 굉장히 많아졌다. 태양광에 문제가 생겼다는 연락이 오면 태양광 관리사가 재빨리 달려가 애프터서비스를 해준다.

햇빛협동조합의 조합원들은 학교와 공공건물, 대형건물 등 옥상이 비어 있는 곳에 태양광 발전소를 더 세울 방법을 찾고 있다. 협동조합은 조합원들이 출자한 자금을 모아 태양광 발전소를 세우고, 그 수익을 조합원이 나눈다.

자신이 사는 집의 지붕이나 빈 공터에 태양광 패널을 설치하여 에너지를 생산하는 **햇빛발전소 대표도** 태양광이 생산하는 발전량을 확인하느라 여념이 없다. 날씨와 계절에 따라 발전량이 다르고, 발전소의 위치와 방향, 전봇대와 거리 등 햇빛발전소를 세우려면 꼼꼼하게 확인할 거리가 매우 많다.

태양광 발전과 풍력 발전, 조력 발전 등 신재생에너지 사업이 성공하려면 좋은 위치를 선정하는 것이 매우 중요하다. 적합한 입지를 평가하고 선정하는 등 컨설팅 업무를 하는 **신재생에너지 입지환경 분석가**도 있다. 지형과 진입도로, 배수로 등 땅의 위치를 확인해 지방정부와 협의하고, 각종 법률 검토와 환경영향평가 등 전문적인 일을 한다.

에너지 교육 프로그램을 진행하는 **환경교육 전문가**도 바빠졌다. 전기를 어떻게 생산하고, 기후변화와 에너지는 어떤 연관이 있는지, 미래 에너지는 어떻게 변하고 우리는 어떻게 행동해야 하는지를 명쾌하게 알려준다. 에너지 생산도 중요하지만 절약도 매우 중요하다. **에너지 설계사**는 가정이나 가게, 학교 등을 찾아가 계측장비를 활용하여 에너지 사용량을 확인하고, 에너지를 줄일 수 있는 방법을 찾아서 설명해준다.

**에너지 복지사**는 여름엔 덥고 겨울은 추운 낡은 집에서 지내는 저소득층을 찾아가 보일러와 창호, 단열재 시공 같은 건물의 단열 방법과 도움받을 수 있는 지원 사업을 안내해주고, 에너지 절약 제품도 설명해주면서 보다 시원하고 따뜻하게 지낼 수 있도록 돕고 있다. 공장이나 회사같이 에너지 사용량이 많은 사업체는 정기적으로 에너지 진단을 받아야 하는데, 이때 **에너지 진단사**가 찾아가 에너지 소비량과 이용 실태를 측정할 뿐 아니라 측정 결과를 분석하여 에너지가 손실되는 원인을 찾아준다.

## 함께하는 에너지 체험 활동

### 온 동네가 떠들썩한 아나바다 장터를 열어요!

'아껴 쓰고 나눠 쓰고 바꿔 쓰고 다시 쓰자'의 줄임말인 아나바다 장터는 친환경 장터이다. 우리 집에서 더 이상 사용하지 않는 물건을 모아 필요한 사람에게 나누는 물건 나눔을 하면 누군가에게는 정말 필요한 소중한 물건이 되어 물건의 수명을 연장시킬 뿐 아니라 쓰레기양도 줄일 수 있다. 학교나 마을 등 사람들이 즐겨 모이는 곳에서 아나바다 장터를 열고, 이 장터에 대한 홍보도 함께 해보자.

### ☆ 대상
학교 전체 구성원(학생, 교사, 학부모, 교직원, 마을 사람들) 또는
마을 사람들

### ☆ 장소
학교나 마을의 적당한 공간

### ☆ 날짜
함께 장터를 열 친구들과 의논하여 결정한다.

### ☆ 물건의 종류
옷, 신발, 모자, 가방, 책, 장난감, 학용품 등

**1** 장터에 물건을 가지고 나올 친구들을 모은다. 여럿이 함께 모여야
물건이 다양해지고 장터도 들썩거린다.

**2** 옷장이나 책장, 주방 등을 정리하여 더 이상 사용하지 않는 집안의 물건을 모은다. 1년 이상 사용하지 않은 물건은 모두 골라낸다고 다짐한다.

**3** 물건의 목록을 적고, 물건마다 적당한 가격을 정한다.

**4** 이 물건의 역사와 가치 등을 담아 홍보문구를 적어본다.

**5** 장터를 알리는 홍보를 한다. 언제, 어디에서 장터를 열고, 이 장터의 특징은 무엇인지를 담은 포스터나 웹용 포스터를 만들어 잘 보이는 곳에 붙이고 SNS에도 홍보한다.

**6** 판매대를 예쁘게 꾸미고 물건을 잘 진열하여 판매한다.

**7** 판매 수익금을 어떻게 활용할지 친구들과 의논해 본다.

**8** 판매하지 못한 물건은 다시 모아서 재사용 가게에 기증한다.

**9** 평가의 시간을 열어 장터의 경험을 함께 나눈다.

**STEP 1.** 본문을 읽은 후 짝꿍과 함께 떠오르는 단어들을 중심으로 비주얼 씽킹맵을 그려보자. 그리고 이것을 보면서, 글의 주제를 간략하게 설명해보자.

예)석관두산아파트, LED등, 회생제동장치, 미니 태양광 발전기, 텔레비전 절전모드, 에코마일리지, 아파트 에너지 보안관 등

**STEP 2.** 집에서 간편하게 에너지를 아끼는 방법에는 어떤 것들이 있는가?

예)텔레비전 절전모드, 냉장고 설정 온도 높이기

**STEP 3.** 우리 아파트 또는 주택에서 공동으로 실천할 수 있는 에너지 절약법은 어떤 것들이 있을까?

**STEP 4.** 기후변화로 더위와 추위가 더 심해지는 미래에 우리는 어떤 공간에서 살아야 할까? 스스로 건축가가 되어 미래에 살고 싶은 집의 중요한 특성을 설계하고 이름도 지어서 발표해 보자.

예)바람 솔솔솔 집(풍력 발전기), 바람과 태양의 집(풍력, 태양광, 태양열)

**찾아가는 길**    **서울새활용플라자** _
서울특별시 성동구 용답동 자동차시장길 49 (02-2153-0400)
장한평역 8번 출구로 나와 한국청년회의소 방향으로 걸은 다음 회의소와
태영약품빌딩 샛길을 쭉 걷다보면 서울새활용플라자에 도착한다.
혹은 370번을 타고 청년회의소·서울새활용플라자 정류장에서 하차한 다음
앞서 말한 샛길을 걷는다.

# 고물이 보물로
# 탄생하는 곳!

★★★★★★

놀라운 새활용의 세계로 초대합니다!
아끼던 물건의 수명 연장 프로젝트
업사이클링이 뜬다
나도 '프라이탁'처럼

## 놀라운 새활용의 세계로 초대합니다!

"우와, 이 가방이 소방호스였다구? 믿을 수가 없어."

"태양아, 이것 좀 봐. 이 가방은 자동차 좌석이었대. 자동차가 가방으로 변신하다니 놀라운걸."

달님이와 태양이는 서울새활용플라자에서 열고 있는 전시회인 '새활용특별전'을 구경하는 중이다. 이 전시회에는 의자가 된 소방호스와 가방이 된 자동차 외에도 접시가 된 유리병, 우유곽 동전지갑, 인형이 된 양말, 파우치가 된 우산 등 쓰레기 신세가 될 뻔한 물건들이 새로운 쓰임새로 다시 태어나 멋있게 전시되어 있었다. 예전에 누군가의 집에서 쓸모 있게 사용하던 물건이 전혀 다른 물건으로 재탄생하다니 그저 놀랍기만 했다.

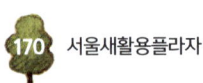

## 서울새활용플라자

2017년 9월에 개관한 서울새활용플라자에는 30개가 넘는 업사이클 전문 기업과 작가들이 입주하여 서울 시민들이 버리는 폐소재를 이용하여 기발한 제품을 뚝딱뚝딱 만들고 있다. 여기서는 새활용 제품이 만들어지는 과정을 살펴볼 수 있고, 1층 전시장에는 새활용 전문 전시도 연다. 지하에 있는 새활용 소재 은행에는 새활용 제품과 이것의 원료가 되는 물건을 함께 전시하고 있는데, 이 은행은 새활용 원료를 구하는 수요자와 이 원료를 공급하는 공급자를 연결해주는 공간이다. 기발한 디자인으로 개발하여 소비자에게 인기 있는 새활용 제품을 꾸준히 생산하려면 원료가 되는 생활폐기물을 안정적으로 구할 수 있어야 하기 때문이다.

또한 환경 캠페인도 한다. 카페에서는 일회용 컵이 아닌 머그잔에 음료를 담아주고, 개인 컵을 가지고 온 사람에게는 10%를 할인해준다. 음수대에선 개인 컵으로 마시거나, 안내 데스크의 컵 대여소에서 컵을 빌린 뒤 사용 후에 스스로 컵을 닦아서 되돌려주면 된다. 또, 비닐봉지가 아닌 장바구니를 적극 권하는 일회용품 줄이기 캠페인도 열심히 실천하고 있다.

서울새활용플라자에서는 제품을 만드는 것뿐 아니라 소재 연구와 개발, 교육 컨설팅, 홍보 마케팅, 전시와 체험 탐방 프로그램, 프리마켓 등 날마다 다양한 일이 들썩들썩 벌어지고 있다. 서울시는 이곳을 중심으로 중고차 매매시장, 자동차산업문화관, 중랑물재생센터, 하수도과학관, 공원 등이 어우러진 '국내 최대 업사이클 타운'을 조성하였다.

### 새활용탐방 프로그램

서울새활용플라자에서는 버려지는 폐자원이 새로운 가치를 얻게 되는 자원순환의 흐름을 배우는 프로그램을 운영하고 있다. 홈페이지에서 신청 가능하고, 탐방일 3일전까지 예약해야 한다. 전 연령 프로그램으로 30명이면 단체 수업이 가능하다.

문의 : 서울새활용플라자 교육운영팀 02-2153-04440~1
www.seoulup.or.kr

# 새활용특별전에서 만난 디자인

고릴라 인형이 된 티셔츠
(에코파티메아리)

장바구니가 된 낙하산
(터치포굿)

일석삼조 온열 의자
(쉐어라이트)

소방호스의 대변신
(파이어마커스)

가방이 된 자투리 가죽과
헌 옷(에코파티메아리)

접시가 된 유리병
(글라스본)

우유곽 동전지갑
(밀키 프로젝트)

가방이 된 청바지
(에코파티메아리)

은은한 조명이 된 자전거
(세컨드비)

파우치가 된 우산
(큐클리프)

빈티지한 컵홀더가 된 커피
자루 (하이사이클)

빛을 내는 코르크
(메리우드)

인형이 된 양말
(여미갤러리)

귀여운 동물이 된 가죽조각
(오운유)

"달님아, 재활용은 알겠는데 새활용은 뭐니?"

"그러게. 알 듯 말 듯 잘 모르겠어. 새활용이란 뭘까?"

달님이도 전시물을 살피며 고개를 갸웃거렸다.

"새활용이 궁금하다구요? 그럼 저와 함께 새활용 여행을 떠나볼까요?"

"어머나, 에코 디자이너님! 반가워요."

두 사람의 대화를 듣고 있던 에코 디자이너가 다가왔다.

불이 난 곳으로 출동하는 소방관에게 소방호스는 매우 중요한 장비이다. 강한 압력으로 물을 내뿜는 소방호스는 아주 작은 구멍만 생겨도 사용할 수 없어서 폐기해야 한다. 무려 15m나 되는 소방호스가 미세한 구멍 하나 때문에 통째로 버려지는데, 버릴 때도 전문 폐기업체에 비용을 지불하고 처리해야 한다. 소방호스 가방을 만든 **파이어마커스**의 대표는 평생 소방관으로 활약한 아버지 덕분에 이런 사실을 알게 되었고, 소방호스를 이용하여 다양한 제품을 만들기 시작했다. 뜨거운 불길을 잡던 소방호스는 매우 튼튼한 의자와 발 매트, 컵에 끼우는 컵홀더, 벽걸이 메모장 등 처음 쓰임새와는 전혀 다른 물건으로 새롭게 태어났다. 제품이 판매되면 일정 금액을 모아 소방관들에게 소방장갑을 사서 기부하고, 소방관 패션쇼도 열어 사람들이 소통하는 자리를 만들었다.

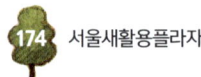

가방이 된 자동차의 얘기도 흥미롭다. 가방의 재료는 한때 도로를 거칠 것 없이 시원하게 내달리던 자동차였다. 가방의 몸통은 자동차 좌석의 가죽이고, 가방 끈은 자동차의 안전벨트를 활용했다. 대개 자동차가 낡아서 폐차를 하면 철과 구리, 알루미늄 같은 금속 재질은 재활용하지만 사람이 엉덩이를 걸치고 등을 기대고 앉았던 좌석의 가죽커버는 재활용할 수가 없어 쓰레기장에 매립했다. 그러나 자동차 좌석에 사용된 가죽은 매우 고급 소재이다. 여름의 고온과 습기, 겨울의 냉기, 그리고 마찰을 모두 견디면서 40년은 거뜬하게 사용할 수 있게 만든 튼튼하고 좋은 소재이다. 오래 사용한 자동차도 있지만 예기치 못한 사고로 빨리 폐차하는 자동차도 많은데, 이때 아까운 가죽이 그냥 버려지고 만다.

이 가방을 만든 **모어댄**의 대표는 자신이 애지중지 아끼던 자동차를 어쩔 수 없이 폐차하게 되자, 안타까운 마음에 자동차 좌석을 떼어 집으로 가져왔다. 그리고 이 가죽으로 뭘 할까 고민하다가 가방을 만들었다. 이것이 새활용 디자인의 아이디어가 되었다. 덕분에 그냥 버려지던 수많은 자동차의 가죽이 가방과 지갑 같은 멋진 제품으로 되살아났다.

# 아끼던 물건의
# 수명 연장 프로젝트

온열발광다이오드(LED) 의자를 개발한 쉐어라이트의 아이디어는 더욱 놀랍다. 사람이 앉을 수 있을 크기의 양철통으로 만든 이 의자는 실내 분위기를 만드는 작은 촛불을 켜서 의자 안에 넣어두면 의자가 따뜻해지고 더불어 전등도 켜고 라디오도 들을 수 있다. 덕분에 추운 날 야외에서 오래 일하는 사람들은 작은 초만 사면 따뜻한 온기를 계속 느낄 수 있고, 200럭스 밝기를 내는 LED 덕분에 어두운 곳에서도 이 의자만 있으면 걱정이 없다. 의자의 몸통에 해당하는 양철통은 자동차 정비소에서 쓰고 버리는 엔진오일 통을 재활용했다. 쉐어라이트는 이 의자를 추운 겨울날 거리에서 장사를 하는 노점상들에게 기부하기도 했다.

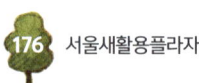

놀라운 아이디어는 여기서 그치지 않는다. **터치포굿**은 평창동계올림픽을 밝힌 성화대 나무를 가져와 실내를 은은하게 밝히는 무드등으로 만들었고, 지난 대통령 선거 때 후보들이 거리에 내걸었던 현수막을 모아 튼튼한 장바구니로 변신시켰다. 장바구니의 어깨끈과 장식품에 정당 색깔을 넣어 내가 좋아하는 정당과 후보의 장바구니를 고를 수 있는 재미도 더했다. 또, 플라스틱 페트병을 녹여서 뽑은 실로 원단을 만들고, 이것을 멋진 가방으로 되살리기도 했다.

우리나라에서 가장 큰 재사용 가게인 **아름다운가게**에는 날마다 많은 기증품이 들어오는데, 진열하자마자 눈이 밝은 새 주인을 만나 빨리 팔리는 물건이 있지만 잘 판매되지 않고 쌓여가는 물건들도 있다. 청바지와 티셔츠, 와이셔츠가 그런 종류이다. 이 물건을 재료로 하여 아름다운가게의 업사이클 디자인 전문팀인 에코파티메아리에서는 다양한 생활소품을 만들고 있다. 기증받은 헌옷으로 고릴라 인형인 릴라씨 인형과 데님 가방, 백팩 등 다양한 생활용품을 탄생시키고, 가죽공장에서 기증받은 자투리 가죽으로 숄더백, 크로스백, 마름모백 같은 여러 기능을 가진 가방과 지갑, 필통, 여권 지갑, 교통카드 지갑 같은 생활소품을 만들고 있다. 말 그대로 오래된 물건에 새 생명을 불어넣어 제2의 인생을 열게 하는 수명 연장 작업을 시키는 것이다.

"와아, 그럼 내가 입던 옷으로 고릴라 인형을 만들 수 있겠네."

"난 청바지로 가방을 만들어 보고 싶어. 내 옷장에는 낡은 청바지가 많거든."

에코 디자이너의 설명을 듣던 달님이와 태양이는 누가 질세라 반짝이는 아이디어를 쏟아냈다.

"여기서 잠깐! 재료만 있다면 새활용 디자인은 누구나 할 수 있어요. 그러나 새활용 디자인으로 만들어져 판매하는 제품이 낡거나 오래되었을 것이라는 선입견은 버려야 해요. 물건을 다시 활용했지만 새 제품과 경쟁해도 전혀 뒤지지 않는 멋진 제품으로 재탄생시켰거든요."

"아하, 그래야 소비자들의 눈길을 끌 수 있겠군요."

에코 디자이너의 말에 달님이가 맞장구를 쳤다.

"새활용이 뭔지 점점 더 궁금해져요."

태양이가 눈을 반짝였다.

# 업사이클링이 뜬다

새활용은 버려지거나 못 쓰게 된 물건의 활용 방법을 바꾸거나 새로운 디자인을 입히고 가치를 더해서 처음과는 전혀 다른 새로운 물건으로 탄생시키는 작업이다. 영어로는 업사이클링이라고 한다. 업사이클링(up-cycling)은 '등급을 높인다'는 업그레이드(upgrade)와 재활용을 뜻하는 리사이클(recycle) 두 단어를 합성한 말로, 사람들이 쓰고 버리는 폐기물을 다시 사용하는 단순한 개념이 아니라 물건에 담긴 역사와 이야기를 더하고 새로운 가치를 찾아 물건의 수명을 늘려주는 적극적인 활동이라 할 수 있다. 이 업사이클링의 개념은 1994년 독일의 디자이너 라이너 필즈가 처음 얘기했다고 한다.

최근 들어서 업사이클이 주목받는 이유는 쓰레기가 부쩍 늘고 있고 더불어 자원의 고갈이 점점 더 심해지고 있기 때문이다. 우리나라 폐기물은 2015년 기준으로 하루 40만 톤이 발생하고, 1년이면 대략 1억 4,600백만 톤이나 된다. 이 중 종이, 플라스틱, 비닐, 유리, 옷, 목재 등 일상생활에서 발생하는 생활 폐기물은 하루 약 5만 톤이 발생한다. 농업, 광업, 제조업 등 사업장에서 배출되는 피혁, 폐원단, 목재, 금속 같은 사업장 폐기물은 하루 약 15만 톤이 발생하고, 토목과 건설 현장 등에서 배출되는 건설 폐기물은 하루 약 20만 톤이나 나오고 있다.

이것을 활용하지 않으면 못 쓰는 폐기물이 되는데, 매립한 폐기물이 썩고 분해되려면 수백 년이 걸리고 유해물질도 나온다. 이것을 소각시설에서 태우면 공해물질이 배출되기도 한다. 대량 생산과 대량 소비가 이어지고 물건의 수명이 점점 짧아지면서 폐기물은 늘어나고 자원은 고갈되는 악순환이 반복되고 있다. 이런 문제를 슬기롭게 해결하는 좋은 방법 중 하나가 바로 새활용이다. 한 번 사용하고 버린 물건을 땅에 묻거나 태우지 않고 사용할 수 있을 때까지 최대한 다양하게 활용하는 것이다. 버리면 쓰레기이고 폐기물이지만 다시 사용하면 훌륭한 순환자원이 되는 것이다. 이 과정에서 에너지도 줄일 수 있다.

우리가 흔히 얘기하는 재활용(recycle)은 버려진 물건을 재처

리해서 다시 활용하는 것인데, 물건의 원재료를 분해하는 힘들고 복잡한 과정을 거쳐야 한다. 이 과정에 전기와 가스 같은 에너지가 필요하고 오염물질이 나오기도 하고 추가 비용이 들기도 한다. 그러나 새활용은 제품의 원료를 그대로 살린 채 개성 있는 디자인을 입혀 더 나은 품질의 제품으로 만들기 때문에 힘들고 복잡한 과정이 없다.

또, 사람들이 날마다 버리는 쓰레기 중에서 보석 같은 자원을 발견하여 이 자원을 재료로 물건을 만들기 때문에 새활용 작업이 늘어나면 물건 재료의 수명을 최대한 늘려서 한정된 지구의 자원을 아낄 수 있다. 새활용 제품을 만드는 디자이너뿐 아니라 서울에 사는 천만 인구가 자신이 버리는 열 가지 물건 가운데 한두 가지만이라도 새활용한다면 서울시에서 버려지는 쓰레기양을 대폭 줄일 수 있지 않을까?

자원 순환에 대해 더 알아보고 싶다면

자원순환정보시스템 www.recycling-info.or.kr
순환자원정보센터 www.re.or.kr
폐기물배출관리안내 올바로 www.allbaro.or.kr

# 나도 '프라이탁'처럼

업사이클 브랜드로 유명한 곳은 스위스의 프라이탁(Freitag)이다. 1993년 스위스 취리히대학에서 디자인을 공부하던 마커스 프라이탁과 다니엘 프라이탁 형제는 캠퍼스를 걸어가다가 갑자기 비가 쏟아져 가방 속의 책이 젖어버리곤 했다. 이런 일을 반복해서 겪던 어느 날 마커스는 자신이 살고 있던 공동 아파트 발코니에서 고속도로를 달리는 트럭들이 방수천을 덮고 있는 것을 보았다. 타폴린이라는 이 방수천은 비가 와도 젖지 않았다. 여기에서 아이디어를 얻은 형제는 트럭 방수천과 자가용의 안전벨트, 자전거의 고무 튜브를 재료로 하여 프라이탁 가방을 만들었다.

트럭과 자가용, 자전거, 세 가지 원료로 가방을 만들어 본래 이

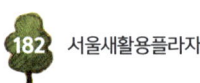

름(F13 Top Cat)보다는 세 가지를 연결한다는 의미가 담긴 메신저 가방으로 더 알려졌고, 매우 질기고 물에 젖지 않는 이 가방을 샌프란시스코의 운반원들이 즐겨 사용하면서 운반원 가방으로 미국에 널리 알려졌다. 프라이탁은 제품을 만들 때 새 것이 아니라 일정기간 사용한 물건을 재료로 활용하고, 모든 제품을 수작업으로 만들며 독특한 디자인을 가지고 있다. 가방과 지갑, 힙색 등 고급 가죽제품과 스마트폰 커버까지 70가지가 넘는 제품을 전 세계 350개 매장에서 판매하고 있고, 업사이클 디자인을 하는 세계 사람들에게 많은 영향을 미치고 있다.

"솜씨 좋고 감각 있는 디자이너가 만든 멋진 제품을 사서 사용하는 것도 좋지만 우리 집에 있는 물건을 버리기 전에 다시 사용하는 방법을 찾는 것도 의미 있는 것 같아."

달님이가 말했다.

"달님아, 너 뭔가 깨달은 것 같다."

태양이가 장난스럽게 말했다.

"새활용 디자인은 오래된 생활의 지혜라서 조금만 관심을 가지고 살펴보면 누구나 새활용 디자이너가 될 수 있지 않을까?"

달님이는 태양이의 장난에도 굴하지 않고 계속 진지하게 말했다.

"새활용은 물건을 오래 사용하면서 에너지를 아끼는 일이야. 새활용도 결국 에너지 문제와 연결되어 있어. 쓰레기도 줄이고 지구도 살리고…."

"나도 마술을 부리는 에코 디자이너가 되고 싶어."

달님이가 계속 진지하게 얘기하자 태양이가 화제를 돌리려고 말했다.

"태양아, 너 지난번에는 에너지주택 건축가가 되고 싶다고 하지 않았니? 환경 전문 기자가 되고 싶다고 한 적도 있고…."

"꿈은 언제나 변하는 거야!"

태양이가 짓궂은 표정을 지으며 말했다.

# 함께 둘러보면 더 좋은 곳들

## 서울하수도과학관

⌛ **sssmuseum.org**

우리 집 수도꼭지에서 나오는 물은 한강을 아리수정수센터에서 정화한 물이지만, 우리가 씻고 닦아서 오염된 물은 어디로 흘러갈까? 이런 궁금증을 해결해주는 곳은 바로 서울하수도과학관이다. 하수도의 역사와 하수처리공법, 중랑물재생센터까지 하수도에 대한 다양한 정보를 얻을 수 있고, 체험 프로그램에도 참여할 수 있다. 참고로 서울의 하수도를 깨끗하게 처리하는 시설인 물재생센터는 난지, 서남, 중랑, 탄천까지 4곳이 있다. 서울새활용플라자의 '새활용 탐방' 프로그램을 신청하면 서울새활용플라자+서울하수도과학관을 함께 둘러보면서 해설도 들을 수 있다.

## 서울도시금속회수센터(SR센터)

⌛ **www.srcenter.kr**

컴퓨터와 드라이기, 휴대폰, 사무기기 같이 사용하다가 고장나서 못 쓰게 된 소형 전자제품은 어떻게 처리될까? 서울 시민들이 배출한 소형 전자제품은 지자체에서 무료 수거를 한 뒤 서울도시금속회수센터로 가져와 부품별로 분해작업을 한다. 다시 사용할 수 있는 것과 판매가능한 부품, 폐기해야 할 부품을 하나하나 분류하여 판매하거나 처리하고 있다. 미리 예약하면 현장 견학과 체험 프로그램도 참여할 수 있다. 서울새활용플라자의 '새활용 탐방' 프로그램을 신청하면 서울새활용플라자+서울도시금속회수센터를 같이 둘러보면서 해설도 들을 수 있다.

# 에코 디자이너

패션과 상품, 광고, 편집 등 디자이너가 활약하는 분야는 무척 다양하고 폭넓다. 디자이너의 놀라운 손길이 닿으면 그저 그런 볼품없던 물건도 눈에 확 띄는 돋보이는 제품으로 거듭날 수 있으니 말이다. 하나의 제품이 처음 생산되고 열심히 사용하다가 낡거나 고장나서 폐기될 때까지 이 모든 과정에서 환경에 좋은 영향을 미치거나 환경에 미치는 영향을 최소로 줄인 제품을 설계하고 개발, 생산하는 사람이 바로 에코 디자이너이다. 에코 디자이너는 생태와 환경에 대한 철학을 중심에 두고 디자인을 하는 사람이다.

보통 디자이너들이 작업을 시작할 때는 스케치나 도면을 그리면서 자신만의 독특한 디자인을 먼저 개발한다. 그리고 세상에 수많은 재료 가운데 그 디자인에 맞는 재료와 부속품, 장식품을 골라 디자인 작품을 탄생시키는데 에코 디자이너는 작업 순서가 다르다. 먼저 버려지거나 못 쓰게 된 물건이나 기증받은 재료를 보면서 이 재료로 무엇을 만들 것인가를 생각하기 때문이다.

디자이너의 눈에는 세상의 모든 물건이 디자인의 재료가 되고 상상력을 자극하는 소재가 된다. 그래서 에코 디자이너는 예리한 눈빛으로 관찰하는 관찰력이 뛰어나고 기존에 물건의 쓰임새를 바꾸고 새로운 쓰임새를 찾아내

는 창의력이 있어야 하고, 물건의 재료를 바라보는 새로운 시각도 필요하다. 또, 디자인 감각을 높이는 노력뿐 아니라 환경 문제나 대량 소비 같은 사회 문제를 해결하려는 시민의식도 있어야 한다. 물건의 생산과 쓰레기 문제, 자원 문제 등 환경 문제에 대한 이해와 관심을 가지고 꾸준히 노력해야 한다. 건강하고 윤리적인 방식으로 생산한 원료인지, 물건을 생산하는 과정에서 발생하는 에너지와 쓰레기를 줄이는 방법, 수명을 다한 물건을 폐기할 때에도 환경에 영향을 덜 미치는 방법은 무엇인지를 끊임없이 고민해야 한다.

버려진 물건에 독창적인 디자인을 입혀 새로운 생명을 불어넣는 새활용 분야에서 활동하는 사람을 ==새활용 디자이너==라고 하고, 옥수수 전분이나 쐐기풀, 천연한지, 유기농 면 같은 천연소재로 친환경 옷을 만들거나, 이런 자연 직물로 에코 드레스를 만들어 친환경 결혼식을 돕는 ==에코 패션 디자이너==도 있다. 책을 만들 때 버려지는 자투리 종이로 공책이나 수첩 같은 문구를 만들거나 재생종이로 다양한 문구를 만드는 ==친환경 문구 디자이너==도 있다. 폭넓게 보면 의상 디자인이나 문구 디자인, 제품 디자인 등 세상에 존재하는 모든 디자인에 새활용, 친환경, 자연주의 같은 친환경 개념을 접목시키면 세상에 하나밖에 없는 독창적인 에코 디자인이 탄생할 수 있다.

디자이너가 되려면 대학교에서 산업 디자인이나 제품 디자인, 시각 디자인, 가구 디자인 같은 전공 분야 공부를 한 후 자신만의 독창적인 디자인 작업에 친환경이나 새활용에 대한 의미를 담은 디자인으로 발전시킬 수 있다. 더 궁금한 것은 한국업사이클디자인협회(www.kud.kr)를 참고하면 좋다.

## 비가 와도 내 배낭은 뽀송뽀송, 우산 천으로 배낭커버 만들기

우산 천을 이용하여 비 올 때 배낭을 보호할 수 있는 배낭커버를 만들어 보자. 우산 천은 방수가 되어 있기 때문에 간단하게 바느질만 하면 비나 먼지, 얼룩이 배낭에 묻지 않게 막아주는 멋진 보호덮개가 될 수 있다. 즐겨 쓰던 우산이 고장 났거나 내가 좋아하는 무늬의 우산 천을 이용하면 더욱 좋다.

### ☆ 준비물

우산 천, 가위, 쪽가위 또는 칼, 바늘과 실(또는 재봉틀), 옷핀, 고무줄

### ☆ 제작 순서

**1** 우산살이 부러졌거나 낡은 우산을 고른다. 쪽가위나 칼로 우산살과 우산 천을 꼼꼼하게 분리한다. 우산 천이 찢어지지 않도록 조심해서 뜯어낸다.

**2** 우산 천의 8쪽 중 3쪽은 잘라내고, 5쪽만 사용한다.

**3** 잘라낸 5쪽 우산 천의 양쪽 면을 바느질(안쪽)하여 붙인다.

**4** 삼각형 모양이 된 우산 천의 제일 꼭대기 부분을 10cm 가량 위치에서 바느질(안쪽)한 후 잘라낸다. 이때 양쪽 끝부분을 약간 둥글게 바느질하면 배낭에 씌웠을 때 주름이 생기지 않는다.

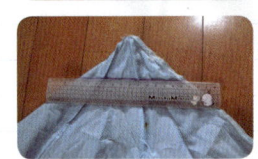

**5** 우산 천의 가장자리를 1~1.5cm 위치에서 둥글게 바느질한다. 마지막 부분에 고무줄을 넣을 수 있게 작은 창구멍을 비워두고 바느질을 마무리한다.

**6** 가장자리 바느질한 곳에 옷핀이나 고무줄용 바늘 등을 이용하여 고무줄을 넣는다.

**7** 가방이나 배낭에 씌워본다. 완성!

**8** 평소에는 휴대하기 쉽게 우산 천에 달린 단추로 잘 접어둔다. 본래 우산에 달려 있던 우산집에 넣고 다녀도 좋다.

함께하는 생각거리

**STEP 1.** 본문을 읽은 후 짝꿍과 함께 떠오르는 단어들을 중심으로 비주얼 씽킹맵을 그려 보자. 그리고 이것을 보면서, 글의 주제를 간략하게 설명해보자.
예)새활용특별전, 파이어마커스, 모어댄, 쉐어라이트, 터치포굿, 아름다운가게, 업사이클링, 자원 순환, 프라이탁, 에코 디자이너 등

**STEP 2.** 흔히 알고 있는 재활용(리사이클링)과 이 장에서 말하는 새활용(업사이클링)의 차이점은 무엇인가?

**STEP 3.** 주변에 있는 업사이클링 제품을 찾아보자.

**STEP 4.** 업사이클링 아이디어를 생각해 보고 직접 시도해 보자.

**찾아가는 길**   **원전하나줄이기 정보센터_**
서울특별시 중구 덕수궁길 15 서울시청 서소문청사 1동 1층 (02-2133-3718~9)
시청역 12번 출구로 나와 서울시청 별관 1층으로 가면
원전하나줄이기 정보센터에 도착할 수 있다.

에코스쿨

# 우리 학교는 에코스쿨!

★★★★★★★

초록이 가득한 학교
에너지를 생각하는 학교
마을과 어울리는 학교
에코스쿨은 진행 중!

햇빛발전소

빗물 저금통

| 1 | 학교 햇빛 발전소 | 5 | 빗방울 음악회 연습 |
| 2 | 초록 커튼(넝쿨식물) | 6 | 학교 에너지 절약 |
| 3 | 빗물저금통 | 7 | 적정기술 교실 |
| 4 | 학교 텃밭 | | |

# 초록이 가득한 학교

"아이고, 바쁘다 바빠!"

달님이는 아침부터 물통을 들고 끙끙거렸다. 교실의 창가에서 자라는 **넝쿨식물**에 물을 주기 위해 지금 물통을 옮기는 중이다. 초록중학교 2학년 1반 달님이는 환경반 활동을 열심히 하고 있다. 달님이와 환경반 친구들은 교실 앞 화분에 나팔꽃과 여주, 수세미, 조롱박, 포도 같이 넝쿨을 타고 올라가는 식물을 심고 지지대를 만들어주었다. 여름이 되자 이 식물들이 무성하게 자라 교실 창가에는 푸릇푸릇한 초록 커튼이 생겼다. 이 커튼 덕분에 실내는 시원해지고 푸른 잎사귀와 꽃을 감상할 수 있고 열매도 얻을 수 있으니 이래저래 참 좋다.

문제는 물주기이다. 넝쿨이 무성해질수록, 여름이 다가올수록

물이 많이 필요하니 날마다 물을 흠뻑 뿌려주어야 한다. 환경반 친구들은 당번을 정해서 아침마다 물을 주기로 했다. 달님이는 오늘 당번이라 수업을 시작하기 전에 물을 주기 위해 물통을 들고 재빨리 뛰었다. 달님이는 빗물저금통에 달린 수도꼭지를 돌려서 물을 받았다.

이 물은 비 오는 날 학교 옥상에 떨어진 빗물을 모은 것이다. **빗물저금통**에 모아진 물은 초록 커튼과 학교 텃밭에 물을 주는 용도로 쓰고, 학교 운동장에 떨어지는 빗물은 운동장 지하에 있는 큰 물탱크에 모아둔다. 그리고 물탱크의 빗물은 청소시간에 청소도구를 씻고, 화장실의 변기에도 이용하고 있다. 빗물은 수업시간에도 등장한다. 국어시간에는 비 오는 날과 빗방울에 대한 시를 쓰고, 음악시간에는 이 시로 노래를 만들고, **빗방울 음악회**와 빗방울 합창대회도 연다. 그래서 그런지 달님이와 친구들은 비 오는 날은 무척 좋아한다.

수업이 끝나고 나면 달님이와 환경반 친구들은 **학교 텃밭**으로 간다. 학교 건물 뒤편에 있는 텃밭에는 상추와 오이, 쑥갓, 들깨, 토마토, 호박, 참외 같은 채소와 과일이 쑥쑥 자라고 있다. 환경반 친구들은 텃밭에 물을 주고 풀을 뽑고 지지대를 세워주고, 날마다 식물이 자라는 것을 관찰한다. 텃밭에서 수확한 채소는 학교 급식의 반찬으로 나오는데, 친구들이 맛있게 먹는 걸 보면 참 보람 있다. 우리가 직접 수확한 로컬푸드니까.

"선생님, 여기 무당벌레와 호랑나비 애벌레가 있어요!"

토마토를 따던 달님이가 소리쳤다.

"그래? 텃밭에 다양한 친구들이 살고 있구나. 그럼 생태도감을 만들어 볼까?"

온자연 선생님이 달님이 곁으로 다가왔다. 환경반을 지도하는 온자연 선생님은 환경 과목 선생님이다. 텃밭에는 환경반 친구들이 봄에 심은 채소와 과일 외에도 다양한 풀들이 자라고, 곤충과 벌레, 새들이 찾아온다. 지난달에는 고라니 발자국이 찍혀 있기도 했다. 선생님은 이런 자연생태계를 알아야 한다며 우리 학교를 중심으로 생물조사를 하고 사진도 찍어서 사계절 생태도감을 만들어보자고 하셨다.

온자연 선생님과 함께 공부하는 환경 수업시간에는 우리나라와 세계, 그리고 지구에서 일어나는 환경 문제와 대안에 대해 공부하고, 우리 동네 골목길의 생물종 조사와 일회용품 줄이기 같은 환경캠페인도 벌였다. 방과후나 주말에는 광화문광장에서 열리는 환경행사에도 참여했다. 달님이는 온자연 선생님과 함께하는 활동이 흥미진진해서 참 좋다.

달님이가 이번 학기 중에 가장 즐거웠던 것은 새들이 유리창에 충돌해서 다치거나 죽는 것을 방지하는 활동이었다. 산자

락 아래에 있는 달님이네 학교는 온갖 새들이 날아와 지저귀는데, 가끔 유리창에 부딪혀서 바닥에 떨어진 새들이 있었다.

"아이코, 또 이런 일이…."

달님이는 죽은 새를 하얀 종이에 고이 싸서 산자락 양지바른 곳에 묻어주었다. 그리고 이런 충돌을 막으려면 어떻게 해야 하는지 온자연 선생님께 여쭤보았다. 그러자 선생님은 열심히 자료를 찾고 새 전문가에게 여쭤보시더니 창문에 5×10cm 간격으로 줄을 치거나 물감으로 점을 찍으면 새들이 피해간다고 얘기해주셨다. 투명한 창문에 맑은 하늘과 나무가 비치면 새들은 숲인 줄 알고 빠르게 날아오다가 충돌하는데, 일정한 간격으로 점을 찍거나 네모난 테이프를 붙이거나 줄을 늘어뜨리면 창문을 물체라고 인식해서 피해간다는 것이다. 달님이와 환경반 친구들은 새들이 충돌할 가능성이 있는 학교 창문 곳곳에 아크릴 물감으로 일정한 무늬를 그려 넣었다.

"다시는 충돌하지 마. 여긴 딱딱한 창문이니까."

새들이 잘 살려면 그들의 먹이인 곤충이 많아야 한다. 그래서 환경반 친구들은 운동장 한켠에 여러 종류의 나무토막과 나뭇잎을 엮어서 예쁜 곤충호텔을 만들었다. 이 곤충호텔의 투숙객들이 늘어나면 새들의 수도 늘어날 것이다. 달님이는 이런 자연생태계의 원리를 배우는 것도 참 재밌다.

# 에너지를 생각하는 학교

"오늘은 얼마나 발전했나 알아볼까?"

한편, 태양이는 태양광 기록장을 들고 학교 옥상으로 올라갔다. 달님이와 같은 2학년 1반인 태양이는 과학반에서 활동하고 있다. 과학반 친구들은 옥상에 있는 태양광 발전소가 날마다 전기를 얼마나 발전했는지를 기록하고 있다. 햇빛이 강한 여름날 오후와 해가 짧은 겨울, 흐린 날 등 날씨와 계절에 따라 발전량은 어떻게 달라지는지 관찰하는 중이다. 초록중학교 옥상에는 태양광 패널 수십 개가 남쪽을 향해 설치되어 있다. 이곳에서 태양광으로 전기를 생산하고 있어 '초록중학교 햇빛 발전소'라고 부른다.

이렇게 생산한 전기는 한국전력에 판매하고 그 수익금으로는

장학금을 조성해 형편이 어려운 학생들을 지원하기로 했다. 과학반을 지도하는 전천후 과학 선생님과 아이들이 햇빛 발전소를 함께 관리하고 있다. 전천후 선생님은 전기를 생산하는 것도 중요하지만 절약하는 게 더 우선이라고 늘 강조하신다. 그래서 태양이와 친구들은 대기전력 측정기를 가지고 학교에서 사용하는 전자제품의 대기전력을 측정해보기로 했다. 플러그만 꽂아두어도 소비되는 대기전력 양은 전자제품마다 조금씩 다른데, 이 대기전력도 한 달, 1년이 모이면 무시할 수 없는 많은 양이다. 교실마다 컴퓨터와 에어컨이 있고, 교무실과 급식실 등에도 다양한 전자제품을 사용하고 있으니 말이다. 방학 때 깜빡하고 전자제품의 플러그를 꽂아두고 교실을 나가면 아까운 전기가 계속 낭비된다. 그래서 태양이는 과학반 친구들과 함께 사용하지 않는 전자제품의 플러그를 뽑고, 아이들이 하교할 때는 교실 전등 스위치를 끄는 등 에너지 절약을 하자는 캠페인도 벌였다.

3월 마지막 주 토요일 전 세계 사람들이 함께 전등을 끄고 에너지를 생각하는 지구촌 전등 끄기 캠페인 '지구를 위한 한 시간(earth hour)'에도 참여하고, 8월에는 서울시청 광장에서 열린 '에너지의 날' 행사에도 참여하여 청소년이 할 수 있는 에너지 절약에 대해 생각했다.

# 에코스쿨의 이모저모

## 빗물저금통

우산과 빈 통으로 만든 업사이클링 빗물저금통

**텃밭**

## 곤충호텔

곤충들이 살기 좋게 만든
조형물인 곤충호텔

사진/오광석

**태양광 패널**

**그린커튼**

사진/유문종

**넝쿨터널**

202 에코스쿨

## LED 나무 스탠드를 만드는 친구들의 모습

나무와 LED, 전선 등 몇 가지 재료로 만든 LED 나무 스탠드.
간단한 기술을 익혀 생활에 필요한 물건도 뚝딱!

태양이가 과학반을 좋아하는 이유는 또 있다. 전천후 선생님이 작업하는 걸 가까이에서 지켜볼 수 있기 때문이다. 전천후 선생님은 발명가이자 적정기술 전문가이다. 선생님은 작은 태양광 패널로 휴대폰 충전기를 만들고, 태양광 장난감 자동차, 나무와 LED 모듈로 만든 스탠드, 미세먼지를 걸러주는 공기청정기 등 신기한 물건을 뚝딱뚝딱 만들었다.

과학반 친구들도 간단한 재료와 쉬운 기술로 적정기술 제품을 만들고, 이 제품을 교실과 집에서 사용해 보면서 더 나은 기술을 연구하고 있다. 전천후 선생님은 화석연료가 아니라 태양광 같은 자연에너지와 누구나 배울 수 있는 간단한 생활기술로 우리 생활을 더욱 쾌적하고 풍요롭게 만드는 일은 매우 중요하다고 하셨다. 태양이는 이런 적정기술이 매우 흥미로워서 어른이 되면 적정기술 전문가가 되고 싶은 꿈이 생겼다.

# 마을과 어울리는 학교

"오늘은 마을에 대해 알아볼까? 우리 마을에는 어떤 곳이 있을까?"

달님이와 태양이네 반인 2학년 1반은 우리 마을에 대해 알아보기 위해 마을답사를 나왔다. 담임 선생님인 호기심 선생님은 사회 과목 선생님인데, 우리 사회와 도시를 이해하려면 우리 마을부터 잘 알아야 한다고 하셨다.

달님이와 태양이가 살고 있는 마을은 에너지자립마을로 선정되어 마을 곳곳에서 다양한 활동을 하고 있다. 마을에는 많은 집과 가게들이 있고, 다양한 직업을 가진 사람들이 에너지 절약과 생산을 위해 토론하고 협력하고 있다. 호기심 선생님은 이런 활발한 활동을 초록중학교 학생들도 알아야 한다고 말씀

하셨다. 왜냐하면 초록중학교도 마을의 중요한 구성원이니까. 우선 학교에서 가장 가까운 에너지슈퍼마켓에 들러 에너지 절약 제품을 직접 살펴보고, 에너지협동조합에 들러 협동조합이 하는 일에 대해 설명을 들었다. 그리고 태양광 애프터서비스센터도 견학한 후 착한 가게에서 간식을 사고, 에너지고효율 빌딩도 둘러보았다. 우리 마을에 이렇게 다양한 곳이 있었다니 아이들은 매우 즐거워하면서 놀라워했다.

답사가 끝나고 호기심 선생님은 우리 마을을 위해 우리가 할 수 있는 일은 무엇인지 토론해보자고 하셨다. 달님이는 마을 골목길의 빈 땅에 꽃을 심어서 마을이 환해지면 좋겠다고 했다. 태양이는 답사를 다니며 도로가를 걷다보니 목이 따끔따끔하고 미세먼지가 심각하다는 걸 깨달았다고 했다. 그래서 우리 마을의 미세먼지를 측정해보고, 미세먼지를 줄일 방법을 함께 찾아보자고 했다. 호기심 선생님은 지금 시작해볼 수 있는 건 태양이의 의견이 좋고, 달님이의 의견은 내년 봄부터 시작해보자고 하셨다. 그리고, 오늘 우리가 걸었던 길을 따라서 답사 코스를 만들면 좋겠다고 제안하셨다.

에너지자립마을이 궁금해서 우리 마을로 찾아오는 손님들을 위해 방문하면 좋을 곳을 소개하는 답사 지도를 만들면 좋은 정보가 될 것이라고 했다. 달님이와 태양이는 마을 곳곳을 다

니며 미세먼지 측정을 하고, 마을 지도도 함께 그려보기로 했
다. 그리고 학교와 마을이 함께 할 수 있는 활동을 더 찾아보
기로 했다.

# 에코스쿨은 진행 중!

달님이와 태양이가 다니는 초록중학교는 에코스쿨이다. 에코스쿨은 우리를 둘러싸고 있는 환경 문제와 대안에 대한 교육뿐 아니라 숲 교육과 학교텃밭, 옥상녹화 같은 자연교육을 통해서 생태 감수성을 기르고, 태양광 발전과 지열, 단열과 냉난방 고효율시설, 조명 시설 개선 같은 에너지 생산과 절약 활동을 함께 하면서 지속가능발전교육을 하는 학교를 말한다.

이런 에코스쿨은 서울 곳곳에 있다. 환경동아리 활동을 통해서 지속가능한 학교 만들기를 하고 있는 숭문중학교, 햇빛 발전소와 햇빛발전협동조합을 통해 살아 있는 에너지 교육을 하고 있는 상원초등학교와 인헌고등학교, 성대골 에너지자립마을과 함께 에너지 교육과 생태수업을 진행하는 국사봉중학교,

벼농사와 텃밭교육으로 생태 감수성을 기르는 금화초등학교, 성산초등학교, 삶이 중심이 된 융합수업을 하고 있는 창덕여 자중학교, 삼정중학교 등 여러 학교에서 환경수업과 환경교 육 프로그램을 진행하고 있다. 또, 대학교에서는 친환경 녹색 생활과 에너지 절약을 위한 실천과 문화를 앞장서 실천하자는 그린 캠퍼스 운동을 벌이고 있다.

서울시는 2013~2017년까지 205개 학교에 학교 운동장과 옥 상, 벽면 등 비어 있는 공간을 학교 숲과 자연학습장으로 꾸미 는 에코스쿨 조성사업을 진행했고, 2018년에는 70개 학교에 학교녹화사업을 벌였다. 학교 숲과 자연학습장뿐 아니라 미세 먼지를 줄이는 다목적 잔디밭, 여름철 폭염 대비를 위한 녹색 커튼, 빗물 재활용을 위한 빗물저금통 설치 등 학교 곳곳에 녹 색공간을 넓혀가고 있다.

또한 1,250개 학교에 에너지 절감을 위한 단열, 냉난방 고효 율 시설, 조명시설 개선, 옥상녹화, 학교녹화, 운동장 잔디구 장, 태양광 발전과 지열 냉난방시설을 도입하고, 학생들을 위 한 다양한 교육 프로그램도 진행했다. 2017년 5월 서울시는 환 경학습도시 선언을 하고 시민들의 눈높이에 맞는 다양한 환경 교육 프로그램도 진행하고 있다.

# 환경교사와 환경교육 활동가

환경교육은 생명 하나하나가 소중하다는 걸 일깨워주는 생태감수성 교육이고, 우리가 지구에 존재하는 수많은 종 가운데 한 종에 불과하다는 겸허함을 깨닫게 해준다. 또, 환경 문제의 해법은 지식으로 이해하는 것보다는 실천이 더 중요하고, 환경 위기가 다가올수록 환경교육은 더욱 중요해진다.

중학교와 고등학교에는 환경 과목이 있고, 이 과목을 가르치는 **환경교사가** 있다. 환경 과목에서는 생물종 다양성, 기후변화, 자원과 에너지, 지속가능한 삶 등을 배울 수 있다.

지구에서 벌어지는 환경 문제의 대부분은 인간의 활동과 연관되어 있는데, 학교 교육에서 이 문제의 원인과 대안을 찾는 것은 매우 중요하다. 환경교사는 환경의 중요성과 환경 문제의 원인, 그리고 대안과 해법에 대해 아이들이 스스로 생각할 기회를 주고 있다. 또, 아이들이 자라 성인이 되고 사회인이 되었을 때 환경과 생명의 관점으로 세상을 바라볼 수 있는 힘을 길러준다. 졸업 후 아이들이 서로 다른 직업을 가지게 되더라도 환경에 대한 올바른 가치관을 가지고 생각하고 판단할 수 있는 밑바탕을 만들어준다. 그래서 환경교사는 매우 보람 있고 소중한 일이라 할 수 있다.

환경교사가 되려면 사범대의 환경교육과를 졸업하거나 교육대학원에서 환경교육을 전공해야 한다. 전국의 환경교사가 모여 있는 한국환경교사모임이 있다.

환경 분야는 숲과 생태계, 새와 야생동물, 에너지와 기후변화, 쓰레기와 자원순환, 물과 습지 등 매우 다양하고, 환경교육 현장도 전국 곳곳에 흩어져 있다. <mark>환경교육 활동가</mark>는 이런 현장에서 매우 흥미롭고 생생한 환경교육을 하는 사람을 말한다. 환경 강의와 체험 프로그램, 자연놀이, 환경캠프, 현장답사, 학교 수업 진행, 교재 개발 등 매우 다양한 형태로 환경교육을 하고 있다. 주로 환경단체나 환경교육기관 등에 소속되어 있는데, 개인 자격으로 환경교육을 하는 사람들도 있다.

환경교육진흥법에 따라 사회환경교육 지도사 자격증도 있는데, 국가에서 지정한 양성기관에서 일정 기간 교육을 수료하면 자격증을 받을 수 있다. 그러나 자격증이 있어야만 환경교육을 할 수 있는 것은 아니다. 여러 해 동안 현장 경험을 쌓고 자신만의 주제와 분야를 개척하여 환경교육을 진행하는 경우가 더 많다.

환경교육 활동가가 되는 길은 다양하다. 환경단체의 활동가로 환경 교육을 기획하고 진행할 수도 있고, 산림학과, 생물학과, 해양학과 등 환경 관련된 전공 공부를 한 후 환경부와 산림청, 지방자치단체의 전문 환경교육기관 등에서 활동할 수도 있다. 산림청 숲 해설가, 국립공원의 자연환경안내원, 환경 관련 전시관의 해설사 등 환경교육 활동가가 활동하는 곳은 매우 넓고 다양하다.

## 지구를 푸르게 만드는 게릴라 가드닝

식물이 무성하게 자라면 푸른 잎과 꽃을 보는 재미가 있지만, 내가 직접 씨앗을 심고 오랫동안 관찰하면 생명의 신비를 느낄 수 있다. 계절에 따라 생명들은 어떻게 싹이 트고 자라는지, 나만의 화분을 만들어 식물을 키워 보자. 그리고 정성껏 키운 식물을 혼자만 감상하지 않고, 많은 사람들이 즐길 수 있도록 골목이나 빈 땅에 옮겨 심는다. 이런 게릴라 가드닝을 하는 사람이 늘어나면 도시는 한결 더 푸르러진다.

### ☆ 준비물

화분(나무상자나 플라스틱 등 식물이 뿌리내릴 수 있는 적당한 크기),
흙(자갈, 모래, 부드러운 흙), 납작한 돌이나 작은 그물망,
씨앗이나 모종

### ☆ 제작 방법

**1** 나무상자나 플라스틱 바닥에 물이 빠질 수 있는 구멍을 뚫는다.

**2** 화분 바닥의 구멍을 흙이 빠져 나가지 않게 납작한 돌이나 작은 그물망으로 막는다.

**3** 자갈-모래-부드러운 흙 순서로 화분 바닥부터 차곡차곡 채운다.

**4** 흙 속에 씨앗이나 모종을 심는다. 이때 씨앗은 가게에서 살 수도 있지만 우리 집 냉장고에도 씨앗은 많다. 복숭아와 포도, 자두, 모과, 호박 등을 먹은 후 씨앗을 모아두었다가 심으면 싹이 잘 튼다. 식물은 일년생과 다년생, 나무 등 종류가 다양하니 자신이 좋아하는 식물의 씨앗이나 모종을 심는다.

**5** 물을 흠뻑 뿌려준다. 화분의 겉흙이 마르지 않는지 날마다 관찰한다.

**6** 쌀뜨물이나 커피찌꺼기, 달걀껍질 등 주방에서 버리는 것을 거름으로 주어도 좋다. 단, 벌레나 곰팡이가 생기지 않게 관리를 해야 한다.

**7** 식물이 무성하게 자라면 집 근처 공터나 아무도 관심 갖지 않은 버려진 땅에 옮겨 심는다. 햇볕이 잘 들고 식물이 잘 자라는 땅인지 신중하게 결정한다.

**8** 새로 옮겨 심은 곳에서 잘 뿌리내릴 수 있도록 자주 찾아가 물과 거름을 주고 쓰레기를 치우면서 게릴라처럼 꾸준히 활동한다.

**9** 식물이 자라는 과정을 사진으로 찍고, 게릴라 가드닝의 즐거움을 SNS에 꾸준히 올린다.

**10** 도시를 푸르게 만드는 방법을 더욱 연구한다.

## 함께하는 생각거리

**STEP 1.** 본문을 읽은 후 짝꿍과 함께 떠오르는 단어들을 중심으로 비주얼 씽킹맵을 그려보자. 그리고 이것을 보면서, 글의 주제를 간략하게 설명해보자.

예)넝쿨식물, 녹색 커튼, 빗물저금통, 빗방울 음악회, 학교 텃밭, 생태도감, 곤충호텔, 태양광 기록장, 대기전력 측정기, 지구를 위한 한 시간, 에너지의 날, 적정기술, 학교녹화사업 등

**STEP 2.** 우리 학교 에너지 명탐정이 되어 어디에서 에너지가 낭비되고 있는지 조사해 보자.

**STEP 3.** 에너지가 낭비되는 문제를 어떻게 해결할 수 있을지 방법을 찾고, 실천할 규칙을 정해 보자.

예)교실에서 가장 마지막에 나가는 사람이 전등 끄기

**STEP 4.** 우리 집과 학교의 에너지 전환을 위한 행동 선언 홍보물을 만들어 보자.

# 에너지 탐험 마무리, 그리고 새로운 시작!

"태양아, 탐험 어땠어?"

에너지 탐험을 마치고 달님이와 태양이는 다시 만났다. 탐험 때마다 길을 찾기 위해 가지고 다녔던 지도와 새로 알게 된 사실들을 꼼꼼하게 기록한 수첩은 어느새 너덜너덜 낡아버렸다. 낡은 수첩과 지도를 다시 펼쳐놓으니 뭔가 뿌듯한 기분이 들었다.

"서울에 이렇게 에너지를 절약하기 위해 노력하는 곳이 많이 있는 줄 몰랐어."

태양이가 말했다.

"나도 그래. 우리 집과 학교, 마을에서도 에너지를 절약하고 생산하고 있다는 걸 이번에 잘 알게 되었어."

달님이는 에너지 탐험을 하면서 찾았던 여덟 곳을 다시 떠올려 보았다.

"서울에너지드림센터와 노원에너지제로주택처럼 첨단기술로 지은 건물에 대해 이해할 수 있어서 좋았고, 서울새활용플라자에서 자원도 결국은 에너지라는 걸 배운 것도 좋았어."

"난 착한 가게의 역할이 중요하다는 게 인상 깊었고, 교통에도 변화의 바람이 불고 있다는 게 흥미로웠어."

둘은 가장 인상 깊었던 탐험지에 대해 말했다.

"에너지를 생산하고 첨단기술을 도입하는 것도 물론 좋지만, 더 중요한 건 에너지 절약인 것 같아."

"오호, 태양이 너 정말 뭔가 깨달은 것 같다."

"이대로 쭉 나가면 무서운 정전을 다시 겪지 않을 것 같아. 정말 안심이 되었어."

태양이는 정전 상황을 떠올리며 자못 심각한 표정으로 말했다.

"중요한 건 사람인 것 같아. 에너지 문제와 기후변화 문제를 해결하기 위해 여러 가지 정보를 모으고, 많은 사람들을 교육시키고 새로운 실험을 시작하는 용기 있는 사람들 말이야."

"맞아. 이번 에너지 탐험에서 놀라운 분들을 많이 만났지."

달님이의 말에 태양이도 동의하며 고개를 끄덕였다.

"자, 1차 에너지 탐험은 무사히 마쳤고, 이제 2차 탐험을 준비하자.”

“엥, 뭐라고 2차?”

깜짝 놀란 듯 태양이가 눈을 동그랗게 떴다.

“인터넷 검색을 해보니까 탐험해야 할 곳이 아직 많더라고…. 서울에도 많고 전국에는 더 많고….”

“탐험을 하느라 이번 달 용돈을 다 써 버렸어. 난 빈털터리라고….”

태양이는 빈털터리라는 걸 보여주려는 듯 주머니를 뒤집어 보였다.

“이번에는 준비를 더 꼼꼼하게 해서 떠나자.”

“달님아, 좀 참아라. 난 지금 에너지가 고갈되어서 너무 힘들다고….”

황당해하는 태양이의 말에 아랑곳하지 않고 달님이가 말을 이어갔다.

“맛있는 걸 먹으면 너의 에너지가 솟아나지 않을까? 밥 먹으면서 얘기해보자.”

“아이고, 못 말려….”

달님이의 말에 태양이는 포기했다는 듯 머리를 움켜쥐었다.

# 부록

★★★★★★

**나도 직접 찾아가볼까?**

**서울시의 에너지 정책을 알아볼까요?**

**중학교 교과연계**

# 나도 직접 찾아가볼까?

태양이와 달님이를 따라 나도 에너지 탐험을 떠나볼까? 서울시 에너지 현장을 직접 찾고 싶다면 아래 정보를 참고하면 된다. 방문자를 위한 상설 전시와 해설, 다양한 체험 프로그램도 운영하고 있으니 미리 예약하면 누구나 참여할 수 있다.

**원전하나줄이기 정보센터**

다양한 에너지 교육뿐 아니라 서울시 에너지 정책을 안내해준다.

주소  서울특별시 중구 덕수궁길 15 서울시청 서소문청사 1동 1층

전화번호  02-2133-3718~9

교통  지하철 시청역 1호선 2번 출구, 2호선 12번 출구

홈페이지  energy.seoul.go.kr

**서울에너지 드림센터**

에너지와 기후변화에 대해 알려주는 상설전시관이다. 에너지제로빌딩을 직접 견학할 수 있고, 다양한 교육 프로그램도 참여할 수 있다.

주소  서울특별시 마포구 증산로 14

전화번호  02-3151-0562

교통  지하철 6호선 월드컵경기장역 1번 출구

홈페이지  www.seouledc.or.kr

**노원에너지 제로주택**

주택 입구에 있는 노원이지센터를 방문하면 상설 전시를 보고 해설도 들을 수 있다.

주소  서울특별시 노원구 한글비석로 97 노원이지센터

전화번호  02-978-7800

교통  지하철 7호선 하계역 2번 출구

**서울새활용플라자**

솜씨 좋은 디자이너들이 다양한 새활용 제품을 만들어 전시하고 판매도 하고 있다. 새활용 전문 전시장과 공방을 구경할 수 있고, 견학과 체험 프로그램에도 참여할 수 있다.

주소  서울특별시 성동구 용답동 자동차시장길 49

전화번호  02-2153-0400

교통  지하철 5호선 장한평역 8번 출구

홈페이지  seoulup.or.kr

# 서울시의 에너지 정책을 알아볼까요?

서울시에서는 시민들과 함께하는 다양한 에너지 정책을 추진하고 있다.
알아두면 도움이 되는 서울의 에너지 정책을 살펴보자.

## 원전하나줄이기 정책(2014~2020년)

- 에너지 절약 실천 캠페인 및 태양광 발전, 연료전지 등 신·재생에너지 생산 확대
- 신축 대형건물의 에너지효율등급 제고, 노후 건물의 단열 보강, LED 보급 등 에너지효율화 추진
- 에코마일리지 가입 확대, 폐기물 재활용 등 에너지 절약문화 확산
- 에너지자립마을 100개소 조성 등 에너지절약 공동체 문화 확산, 에너지빈곤층 지원

## '태양의 도시, 서울' 정책(2017~2022년)

- 주택과 건물 등 100만 가구에 태양광발전기 보급
- 설치가능한 모든 공공건물, 시설, 학교, 주차장 등에 태양광 발전기 설치
- 광화문광장과 서울월드컵공원, 잠실한강공원 등 서울 곳곳에 '태양의 도시'를 알리는 태양광 랜드마크 조성, 명소로 조성
- 마곡지구를 스마트 에너지시티로 조성
- 태양광지원센터 설립, 기업과 발전사업자 지원, 홍보 강화 등 태양광 산업 육성 지원 및 제도적 기반 구축
- 5만 9천 가구에 태양광 미니발전소 설치 지원 등 신규 태양광 설비용량 57MW 보급

## '일회용 플라스틱 없는 도시, 서울' 추진

- 공공부문 일회용품 사용 제로 실천
- 커피전문점 등 일회용 플라스틱 컵 사용실태 점검
- 시민단체 주도의 일회용 플라스틱 줄이기 시민실천운동 전개
- '일회용 플라스틱 없는 서울' 종합계획 수립
  (2022년까지 일회용 플라스틱 발생량 50% 감축, 재활용 70% 달성)

## 서울새활용플라자 효율적 운영 및 시민참여 확산

- 새활용 산업육성 기반 조성 및 새활용 기업 지원
- '새활용 교육프로그램' 운영 확대
- 새활용플라자 시민참여 활성화를 위한 다양한 행사 프로그램 운영
- 일회용품 없는 새활용플라자 운영

# 중학교 교과연계
## [ '2015 개정교육과정' 참고]

| 과목 | 교육과정 |
|------|----------|
| 사회 | Ⅱ. 우리와 다른 기후, 다른 생활 |
|  | Ⅴ. 지구 곳곳에서 일어나는 자연재해 |
|  | Ⅵ. 자원을 둘러싼 경쟁과 갈등 |
| 과학 | Ⅶ. 과학과 나의 미래 |
|  | 1. 과학과 직업 |
|  | 2. 미래 사회의 직업과 과학 |
| 기술 가정 | Ⅳ. 기술과 발명·표준의 세계 |
|  | 1. 기술의 발달과 사회 변화 |
|  | 2. 발명과 문제 해결 |
| 환경 | Ⅲ. 지역 환경과 지구 환경 |
|  | 1. 지역 환경 탐구 |
|  | 2. 자원과 에너지 |
|  | 3. 지구 환경과 환경 문제 |
|  | 4. 기후변화 |
|  | Ⅳ. 지속가능한 사회 |
|  | 1. 지속가능한 사회 |
|  | 2. 지속가능한 사회와 삶 |
|  | 3. 환경 정의와 참여 |
| 진로와 직업 | Ⅱ. 일과 직업 세계 이해 |
|  | 1. 변화하는 직업 세계의 이해 |
|  | 2. 건강한 직업의식 형성 |
| 진로 탐색 | 1. 교육 기회의 탐색 |
|  | 2. 직업 정보의 탐색 |

초판 1쇄 인쇄 2019년 9월 10일
초판 1쇄 발행 2019년 9월 20일

지은이 박경화
그린이 심은경
펴낸이 송주영
펴낸곳 북센스
편집 장정민 양선화 김하영
디자인 박세나 정지연 김원중
마케팅 이혜인

출판등록 2019년 6월 21일 제2019-000061호
주소 서울시 은평구 통일로684 서울혁신파크 미래청 401호
전화 02-3142-3044
팩스 0303-0956-3044
이메일 ibooksense@gmail.com
ISBN 978-89-93746-57-0 (43530)